U0033060

泛工業革命

製造業的超級英雄如何改變世界？

理察・達凡尼 Richard D'Aveni——著
王如欣、葉妍伶——譯

THE PAN-INDUSTRIAL REVOLUTION

How New Manufacturing Titans Will Transform the World

目次

Contents

前言
劇變將至的隱祕線索

身爲一名位於新罕布夏州漢諾瓦市、世界上最古老且仍最具聲望的達特茅斯學院塔克商學院的教授，我並不習慣扮演業餘偵探的角色。每當我在研究新興的商業潮流時，我通常只要打電話給《財星》美國 500 強榜上的任何一位執行長，就會獲得熱情的回應。雖然這些主管時常會要求我對某些商業細節保密，但他們通常會急切並且自豪地與我分享他們在科技上的最新突破以及最先進的策略。

但是，近幾年來，在記錄與分析我認爲是世界上最重要的新策略性商業發展時，我突然撞上了一堵虛擬的石牆。這堵石牆由與此牽涉最深的企業領導者的沉默、迴避，以及時不時的誤導所形成。當然，這種我所不熟悉的遮掩與保密，無法打消我追故事的念頭，反而使我的看法更爲堅定。這股潮流絕對能顛覆情勢，這是每世紀只會發生一次的劃時代商業變動。

藏身於平凡外表下：積層製造如何轉變商業世界

一切是從我對 3D 列印這項新製造科技感到興趣開始。

每個人一定都聽過 3D 列印，這是從電腦怪傑小圈圈擴展到大衆意識的新進「酷」科技之一。但是許多人仍然將它與可愛的塑膠製飾品，或充其量與要被當成「眞正」製程模型的小型原型產品設計與生產聯想在一起。他們不知道 3D 列印只是統稱爲**積層製造**（AM）的衆多革新方式的一部分，不知道積層製造已適用於廣泛的材料、產品類型與用途，不知道許多最重要的製造業已逐漸開始以積層製造爲主要的生產方式，更不知道以積層製造爲主要基礎的大型新興產業已經啓動。

長久以來，我對新的科技在市場、經濟、商業策略上的影響一向感到很有興趣，在過去幾年我也緊密關注著積層製造的發展。因此你能想像得到，當我在 2015 年，接獲時任惠普——使 3D 列印普及化的公司之一——執行長的梅格．惠特曼（Meg Whitman）的邀請，參訪他們位於美麗的西班牙城市巴塞隆納的主要廠房時，我心中有多麼激動。

我永遠不會忘記和惠普的多射流熔融（MJF）列印機研發部領導者史考特．席勒（Scott Schiller）在「車庫」共處的那一天。史考特帶我到一扇大門處，那扇門用 2D 列印出的木板和金屬鉸鏈，設計成好像是知名新創公司會從其後發跡的車庫門的樣子。但是在這扇門後並非一般的車庫，而是一個腹地頗大的空間，有超過 400 位擁有高等學位的工程師，正在研究 2D 與 3D 列印機的突破性科技。他們所有的研究，包括發展出使 3D 列印科技的穩定性、耐久性、效能和可購性更臻完美的進展等，都在致力於消除積層製造和老舊的製造方法之間最後殘餘的品質分歧。

例如，我參觀了檢測多射流熔融 3D 列印機性能的四間測試房。其中一間裝飾了熱帶動植物的彩色圖像，由人工設定爲模擬雨林的熱度與高溼狀態；第二間裝飾得如同沙漠地貌，既乾又熱且塵土飛揚；第三間有如霜凍般寒冷，有成排的北極冰山照片。這些房間裡的列印機都經過反覆測試，以確保不論在何種環境與狀態下，都能保有穩定的品質。在第四間房間裡，有一個巨大的機器手臂被設定來抓取並劇烈地搖晃列印機，這是模擬當列印機從一間辦公室被移動到另一間，或是進行海外運輸時，可能會被粗魯地搬來運去。他們還會以微米爲標準，檢視測試後的列印機零件，是否改變了位置或是變形，列印出來的產品品質也同樣會接受測試。

參訪期間，我也得以見到發展中的 3D 列印技術。例如，我看到實驗用的列印機被設計來列印出一端堅硬、另一端有彈性的塑膠零件，這適合用來製作鏡框。有的列印機在測試生產含有添加物的塑膠的新方法，以強化諸如顏色、強度、堅硬度和多孔性等特性，這些特性對於製造諸如在極端情況下使用的工具或零件有其必要。我也看到了其他我還不便透露的工作內容的新製程。

在未來的製造業中，3D 列印將是重大且主要的元素，而惠普顯然決定要在這個領域扮演領頭羊的角色。儘管已經有數十家公司正與惠普競爭積層製造的龍頭地位，其中多家公司甚至還擁有令人驚奇的新科技，但產業專家們仍看好惠普。

其實史考特．席勒和如今稱爲 HPI 的惠普分拆公司的其他人，可能是世界上**唯一**已經將**既存產業**成功數位化的一群人士。這個既存產業，也就是傳統的 2D 列印，是在紙張或其他媒介上投放層層的墨水或色素，以形成文字或圖像。有這樣傲人的成績，無怪乎惠普工程師和主管們會對以幾乎相同的方式來革新製造業，這麼具有信心。

事實上，這個進程已經開始了。2016 年，惠普發表了第一代產業用多射流熔融 3D 列印機，預期在接下來的兩年內，預購量會有數百台之多。爲了跟上迅速發展的需求，惠普還在幾個月之內擴展了製造能力。2017 年 11 月，惠普推出了擁有更多優異功能的第二代模型機 MJF 4210，其中最具代表性的，就是它在 3D 列印的速度與效能上有令人難以置信的進展。例如，在同樣的時間內，最常使用的 3D 列印方式選擇性雷射燒結（SLS），只能生產 1,000 個齒輪，但是多射流熔融列印機卻可以製造 12,600 個齒輪。

這樣的進展，將大規模使用 3D 列印的收支平衡點，提高到 11 萬個單位。這是 3D 列印得以進行更大規模生產的一個里程碑。不僅如此，惠普還發表了更進一步的突破，其中包括一個價位較爲低廉，首次能夠以高品質、全彩列印的 3D 列印機系列。

參訪惠普使我見到這些令人大開眼界的成就，以及推動其他轉變性發展的幕後團隊。但是，當我詢問惠普的接洽人員「是誰購買這些 3D 列印機？」「他們買來做什麼？」時，他們都不願多談，只願意介紹幾個重要的客戶給我認識。

其中一個客戶是捷普科技（Jabil Inc.），這是世界第三大代工合約製造商（前兩名是台灣的鴻海，以及創立於矽谷、現位於新加坡的偉創力）。捷普總部位於佛羅里達州，在全球 28 個國家中擁有 102 個生產廠房。他們製造印刷電路板（PCB）、組裝印刷電路板需要用到的塑膠與金屬機殼，以及其他從消費性電子產品到航太工業、從製藥到家用品產業公司的數千種加工零件。

之後，我將會細述捷普如何讓我領會到他們準備要在接下來的幾年之內，成爲世界上最重要的公司。這不僅只是拜積層製造的性能所賜，也是因爲捷普有一連串優秀的創新策略。捷普正在打造全球第一個**製造平台**，這是以數位科技連結世界上衆多商業活動，而形成的一個具有穩定連結的製造業重鎭。這樣的平台，將會爲積層製造前所未見的效能增加動力。

但除了捷普以及一、兩個公司之外，惠普其他客戶的身分仍然隱晦不明。對方一再表示：「我相信你可以了解，因爲競爭的關係，我們的客戶堅持要保密。」顯然，積層製造正在從一個新奇的玩意，變身成爲製造業世界的重要元素。但它究竟如何做到？爲何能做到？什麼樣的公司正在利用這項突破性技術來定位自己？這一切對 21 世紀的全球經濟又具有什麼樣的意義？

要回答這些問題，我得先化身爲商業偵探。

從成人紙尿褲到噴射戰鬥機

我開始辦起案來，花了幾個月的時間，研究我從網路上能夠找到、跟積層製造有關的所有文件、文章、訪談和評論。幾位資深工程師和我商學院的許多聰明絕頂的學生，帶著我理解這個日新月異的科技的複雜來歷。有幾篇詳列了 3D 列印目前的使用者，以及積層製造的其他形式，其中揭露的許多新興科技及其潛在用途都非常吸引人。

有一篇文章指出，某家公司使用 3D 列印來生產手機天線。但供應商是誰？製造這些手機的又是哪家電子公司？這是眞實故事還是純屬謠言？我在網路資源中孜孜不倦地尋找，除了有跡象顯示供應商位於中國之外，幾乎別無所得。我下定決心要有所斬獲，於是雇用了幾位說中文的年輕學生，讓他們用母語去探查報紙資料庫的商業內容。花了好幾個月的功夫，投資了數千美金之後，我們終於利用諸如聊天室的評論和求助廣告等間接方式，確認了這些傳言。我們發現，一家名爲光寶科技（Lite-On）的供應商，確實使用積層製造，爲台灣 Android 和 Windows 系統的智慧型手機製造商 HTC 生產天線。光寶科技使用由新墨西哥州 Optomec 公司所打造，專門用來生產電子產品的一系列 3D 列印機，每年製造了 **1,500 萬支**天線。

這麼大的事情卻沒有出現在主流商業媒體，顯示出一個鮮爲人知的事實：在原型設計與少量客製化產品的領域之外，積層製造正在快速擴展，並且進入了大規模製造的世界，而許多老鳥工程師仍然以爲那是積層製造還無法進場的世界。

積層製造也擴展到與高科技截然不同的生意。舉例來說，我發現了許多篇文章，都提到了一種 Cosyflex 科技，這是一項以 3D 列印機來製造衣料和不織布的突破性技術。Cosyflex 背後是一家名爲 Tamicare 的英國公司，該公司幾乎沒有任何的公開資料。我只在 2014 年曼徹斯特地方報的一篇文章中，查到在這家英國公司背後的是一對以色列夫妻檔發明家塔瑪和艾胡．季羅（Tamar and Ehud Giloh），據報載這家公司的投資基金獲利了 1,000 萬英鎊。

我費盡千辛萬苦才找到了塔瑪．季羅。她是出了名的口風緊，而且幾乎不接受採訪。但是我說服塔瑪跟我分享一些她的經歷。她以一段影片，顯示她運轉中的機器是如何爲有尿失禁問題的成人生產多層防水內褲。

影片中是一間玻璃環繞的小屋，裡面有 3D 列印機、機器手臂以及在輸送帶上行進的金屬板。我和我聘請來協助我理解這段影片的三名工程師，一同觀看這個過程。我們看到混合不同天然纖維的各種塑膠聚合物，被一層層地噴灑在金屬板上使基底成形，接著機械手臂放上吸水墊、用熱氣包封住衣料，然後金屬板被彎折，準備進行最後的壓型與包封。

我還得知，單一台 Cosyflex 機器，每 3 秒鐘就可以製造出 1 件防水內褲，每年可以生產達 300 萬件之多，而且成本只略高於傳統製造方法——如果你將附加費用考慮進去，成本實際上是**更低**的。舉例來說，積層製造的生產系統精簡而靈活，因此只要將這些機器設置在鄰近客戶的地方，便可以大幅降低交通成本。

這是我從經濟學的角度分析積層製造，所得出的典型模式。許多工程師對傳統製造方法擁有廣泛的知識，他們仍然蔑視積層製造的潛力，宣稱其「太昂貴而無法取代舊有系統」。我稍後將會更詳細地解釋，他們的邏輯漏洞百出。而其中最大的一個問題是：他們沒有考量到**隨著**生產過程，積層製造在經銷、材料、倉儲與行銷上所節省下來的成本。

很明顯地，我觀看的這家公司的影片中，Cosyflex 享有的成本效益並沒有遺失。影片展示出，這個系統被用來生產數千盒內褲。但是當我勸說 Tamicare 老闆透露客戶的名字時，她仍然保持緘默。

於是我必須再一次回到我的業餘偵探模式。我開始向我認識的每一個人，詢問誰可能是使用 Cosyflex 產品的神祕公司。根據我聽到的消息，我得知 Cosyflex 技術最有可能的大用戶是一家製造成人紙尿褲、醫療繃帶以及急救產品的特定公司。之後，我聽說 Tamicare 與一家大量生產運動鞋與內衣的服裝公司簽署了一項數百萬美金的交易，也聽說 Cosyflex 生產的成人排泄失禁用內褲已在以色列進行市場測試。但是這些事情的更多幕後細節一直難以捉摸。

與此同時，有人帶給我一個新消息，揭露了 3D 列印被用在更創新、更值得注意的用途上。「我不知道詳細的內容，」一個熟識者這麼告訴我，「但是我聽說洛克希德．馬丁

（Lockheed Martin）正在申請將 3D 列印用在飛機製造業。」我打給該公司中我認識的人，但是他們拒絕了我的採訪要求。於是我想出了一個替代策略。我搜尋社交媒體網頁 LinkedIn 的資料庫，找出在洛克希德．馬丁工作的專家的名字。之後我打了好幾百通電話，只想找到一個願意跟我聊聊的人。

最後，我終於找到了一個年輕的工程師，他很樂意且極具自信地跟我討論他的工作。他說洛克希德．馬丁發展出一種新的複合材料，可以使用 3D 列印來生產超輕量、超堅固的 F35 戰鬥機機體。「我們可以在 3 個月內使用一種叫做大面積積層製造（big area additive manufacturing）的製程，印出整架戰鬥機的機體和內裝。」他說明道，「使用傳統科技需要 2 到 3 年才能造出一樣的戰鬥機，而我們現在的目標是縮短到 3 個星期。」

我這位年輕朋友告訴我的事實在令人難以置信。F35 戰鬥機超過 50 英尺長，翼幅寬達 35 英尺，（空機）重達 12 噸。這麼一架戰鬥機能夠像塑膠首飾那樣被列印出來的想法，簡直匪夷所思。但是很顯然洛克希德．馬丁發現戰鬥機的機體和內裝，可以透過一批能夠上下與橫向攀爬金屬管製成的鷹架而列印出來。這個鷹架容易折疊與裝載進入尋常的運輸容器，這就是大面積積層製造。就算不是工程師，也很快能看出這能克服積層製造因尺寸與彈性的限制而可能減少的潛力。

更令人印象深刻的是，洛克希德．馬丁正在運用尚未有人描述過或是命名過的商業模式，我將它命名爲**巨型模組化**

（mass modularization）。巨型模組化代表標準化的戰鬥機機體與內裝，以大面積積層製造的方式打造，再以 3D 列印的線路嵌入機身、機翼、駕駛艙以及起落架。各式空間爲了安裝模組而保持開放。特殊通訊系統、導航系統、武器系統和其他功能，各自存在不同的盒中等待固定。模組會與已嵌入的線路自動連接，所以一旦模組被置入，飛彈與引擎被固定之後，戰鬥機便準備就緒。

大面積積層製造結合巨型模組化之後的影響範圍很驚人，汽車、船隻、收割機、運土設備和其他複雜的機器都可以用這種方式製造出來。而且 F35 戰鬥機本身也可以在數秒內透過替換更新後的模組改裝，無須送回基地更新，模組還能夠空運到戰場，因應任務的轉換，讓戰鬥機安裝上新的電子功能或反制設備。

最令人印象深刻的是，飛機「工廠」已經不再是需要耗費數億美金建造又容易被間諜機與衛星看見的巨大機庫。工廠可以是小型的倉庫，包括幾個在運輸容器中的大面積積層製造系統，視需求快速安裝、易於拆卸與移動。當國家可以依其需求在現場即時列印出飛機，在地緣政治與軍事策略上的意義是十分巨大的。

當然，我要求讓我參觀製造廠，見識一下工作的過程。「我再跟你聯絡。」這位朋友這麼告訴我，而他從此銷聲匿跡，也沒有回應我後續的電話與電子郵件。不過在那之後，我得知大面積積層製造在一項辛辛那提股份有限公司（Cincinnati

Incorporated）以及橡樹嶺國家實驗室（Oak Ridge National Labs）的合資事業中有所進展，便證實了洛克希德·馬丁確實使用了大面積積層製造法。

2016 年，洛克希德·馬丁終於提出了一項包括戰鬥機積層製造過程的專利申請，這也是我現在還可以自由撰寫我從業餘偵查中發現的事情的原因。

我挖得愈深，就聽到愈多進一步的傳聞，好幾家領先全球的產業公司——備受關注的企業巨人，例如位於德國的西門子、日本的住友重機械工業株式會社以及美國公司聯合技術（United Technologies），都在追求 3D 列印技術的革新。這群翹楚之中，包括歷史悠久的奇異公司。在執行長傑夫·伊梅特（Jeff Immelt）的帶領之下，奇異有一段時間，鮮少公開聲明他們在積層製造上的努力。但是一連串的公司併購，使奇異在這個領域的興趣愈發廣為人知。包括他們在 2012 年買下位於辛辛那提的 3D 列印先鋒莫利斯科技（Morris Technologies），以及在 2016 年以總價 14 億美金的金額併購了兩家最早的金屬 3D 列印機製造商 Concept Laser 和 Arcam AB——這是直到目前為止，在 3D 列印商場上最大宗的交易。最後在 2017 年中，奇異發出一系列聲明，透露他們計畫在積層製造的發展與普及上，成為重要的全球化力量。

另外較少被宣傳但長期來看也許較為重要的，是奇異也宣告他們要在接下來的 10 年內，成為全球十大軟體供應商的企圖。積層製造的驚人靈活度與能力，其關鍵之一，就是它完全

數位化的製程。而這表示，能夠創造控制數位化製造——從產品設計、原型、測試到生產、倉儲與物流——的世界級軟體的能力，已突然躍升至極具價值的商業技能前線。

此後，奇異經歷了幾個重大挫折。由於慘淡的收益受到來自華爾街的壓力，奇異撤下伊梅特換上約翰．夫蘭納瑞（John Flannery），他是公司老將，近來都執掌奇異的醫療部門。到了 2017 年底，謠傳奇異可能從許多表現不佳的生意中抽身，一些外部分析師甚至認爲奇異即將解散。但就在這個時候，奇異宣布在 2017 年底前，要花費總額 21 億美金在數位製造科技上，也指出前半年的產業軟體訂單增加了 24 個百分比，並且強調他們在 2020 年預計會達到 2,250 億美金的數位化製造業市場中，仍會扮演「主要角色」。

在寫作本書期間（2017 年冬天至 2018 年），奇異的未來如何猶未可知。但是似乎在某個形式上，這個曾經以「帶來美好生活」的口號聞名的公司，將在積層製造的持續發展與成長中，扮演舉足輕重的角色。

這些便是你現在閱讀的這本書的研究內容。從 3D 列印開始，但是必定不在 3D 列印結束。本書內容透過與工程師、科學家、生產管理者、研發專家和產品設計者無數次的對話，以及細讀了數百篇文章、會議紀錄與研究報告而延續。我學得愈多，就愈著迷，也愈堅信我在挖掘的事情，是我們這個時代中最重要的商業發展之一。

以下簡要說明我仍在進行的研究中，已經揭示的部分。你們可以想像成在電影試映會即將開始之前，先提供的一些精采畫面。

3D 列印是一個連奇異這樣的公司，都投資了數十億美金的強大新數位製造科技之一。它起初只是不斷重複以 2D 列印層層疊疊的材料，直到做出一個 3D 的物品。但是新的方法已經發展出來，更加成熟，也更有力量。其中包括稱爲**單層列印**和**自組裝**的創新技術，以及非層疊積層製造的其他形式。這些積層製造技術，由較爲人熟悉但也變化極快的其他領域中的新穎發展所補足，像是機器人工學、人工智慧、大數據分析、雲端運算以及物聯網（連結電子網絡的家用與商用的數百萬台裝置，進行巨大規模的數據分析與收集）等。

最登峰造極的突破性進展，將會是積層製造平台的完善與普及，像是捷普、奇異、西門子以及資訊科技業的巨人 IBM 所打造的平台那樣。積層製造平台將會以大多數專家都預想不到的方式革新世界經濟。例如，在許多行家描述以工業 4.0 爲題的未來願景中，傳統製造方法將藉著如自動化與機器人工學，得以升級與現代化。當積層製造被含括到這個願景中時，它在根本上只被視爲傳統製造系統的附屬物而已，如只利用少數 3D 列印機，爲組裝線上的工人產出零件。

而另一方面，新興的工業平台，將會以積層製造爲核心，以嶄新的方式創造價值。這些以積層製造爲基礎的平台，將協助公司管理複雜又多元的營運。透過創造巨大的產業網絡，以連結與靈巧地控制數百項商業製程，創造前所未有的效益，開創具有靈活性、多元性與前所未聞的規模的商機。

我將這些龐大的新興商業稱爲**泛工業**。我有充分的理由相信泛工業會在接下來的 20 至 30 年間掌控全球經濟，驅動空前的改變，其影響力將會遠遠超過製造業的世界。這樣的經濟變革，將遠遠超出那些工業 4.0 倡導者所設想的程度。

因此，本書名爲**泛工業革命**。這個詞定義了今日新興的科技在之後 20 到 30 年間將會帶來的轉型。這是由一系列合理卻又戲劇性的經濟變動爲特徵的一個年代，這些變動包括：

邁向更巨大的效益。從慢速、改變需耗費金錢的中心化、資本密集型的製造設備，轉移到更有效率的生產單位，由數位化工業平台協調，資本密集度低，去中心化，並且具有彈性；

邁向更激烈的即時競爭。從嘉惠低成本生產者的冗長供應鏈，轉移到既短又更爲簡單的供應鏈，並從顯著降低的運輸成本和交貨時間、與顧客更近的距離，以及對於市場變化、商品設計、與競爭者的動態幾乎即時的反應中獲益；

邁向在無確切產業邊界的經濟體中競爭勢力範圍。從高進入障礙區隔出的確切市場與產業，轉移到透過共享製造材料與方式而連結的聚集產業；

邁向數位化的商業生態系統。從傳統的供應鏈，轉移到廣大、具有內在關聯性又多元化的商業與共同團體 —— 泛工業，共享關於供需、製造科技、貿易與財務變化，以及消費知識的數位化與市場導向資訊，帶來強而有力的網絡智慧；

邁向集體競爭。從專精於特定產品與市場的公司之間，轉移到相對少數的巨型泛工業之間的競爭，而每一個泛工業都以自己獨特設計的生態系統爲中心。

在這個過程中，我們也可以預期會見到許多只有極少數人曾預想到的，關於管理、策略以及社會上的發展。例如：

打破自造者迷思。生產微量品項的小型、工藝品等的 3D 列印商店，退讓給結合許多數位化科技，以新發現的質量控制、速度與效能，大規模生產物品的複雜系統；

新型態的垂直整合與複合企業集團的興起。組織機構使用數位化的力量以達到往昔的企業巨人從未臻至的綜效；

超級融合的時代。它將比 1990 年代的產業融合更具影響力，企業功能、公司區隔、集團公司、產業以及市場之間的邊界，將會快速受到侵蝕甚至消失；

華爾街勢力的衰退。泛工業公司積累資本與市場力量，使他們實際上不受金融之王的支配；

以最少環境成本獲取豐盛成果的時代。新的製造科技顯著降低了材料浪費、能源耗損以及市場的無效性；

全球勢力平衡的主要變動。包括嚴重的經濟失調，例如在已開發國家中蔓延的失業情形，以及像中國這樣的發展中國家會相對地權力衰落；

自由企業制度可能毀壞的挑戰。泛工業空前的經濟與政治勢力，使政府、公民團體以及主導新經濟的企業巨人之間，產生衝突。

我在 1994 年寫作策略指引暢銷書《超優勢競爭》時，就一直在分析商業潮流。我相信我們將經歷的嶄新改變，是到目前爲止最重大的。試圖預言這些複雜又相互連結的潮流之確切結果或許太過冒險，但是我想有一件事情是很清楚的，那就是企業絕對不再一樣了。

這些事情將如何發生？企業領導者必須做些什麼，好讓他們自己以及他們的公司因應眼前的動盪？這些變化又將如何影響社區、國家、全球經濟以及一般大衆的生活？這些是我在本書內容中將要探討的一些問題。

Part I
革命來臨

第一部將會敘述那些正在改變當前製造萬物的方式，並帶給製造業者巨大彈性、速度、效率、反應與勢力的卓越新科技；也會展現那些認爲實體局限抑制了今日製造業者的傳統想法，是如何被這些新科技所顛覆。

例如，3D 列印機的勢力以及其他積層製造的工具，使製造業者首次得以受益於**範圍經濟**。這些經濟效益來自於幾乎可以在任何地方製造出任何東西的能力，而不是被迫只能專精於一項或少數產品。

同時，嶄新的製造科技，正快速在特定先進產業中取得大量生產同一產品所需的品質、速度與效率，並以此打敗長久以來有益於大企業、以**規模經濟**爲導向的傳統工廠。

爲了讓公司可以善用積層製造所促成的範圍經濟與規模經濟，以數位化工具監視與控制遠方營運的新系統已經發展出來。新興的**工業平台**使用大數據、機器學習以及人工智慧的能力，使製程比以往更有效率。

這些改變是未來更大幅度轉變的跡象。我預料最戲劇化的轉變將是：我稱爲是**泛工業**的大型企業的合併。他們表現上看似今日的綜合企業，在全球各地的產業之中營運，但是泛工業將會利用新的製造科技，獲得任何綜合企業都無法企及、史無前例的綜效、多元化、效率、靈活性、利益以及創新。這些泛工業中，有些將會變得富有、強大，成爲足以支配世界經濟的巨人。

Chapter 1
未來之事成形：泛工業革命的誕生

1983 年，一位默默無名的工程師查克·赫爾（Chuck Hull），正在爲一間製作家具堅硬表層的小公司進行一些計畫，他經常熬夜進行他神祕難懂的實驗。一晚，赫爾的一通來電讓他妻子大吃一驚。他告訴她：「快換掉妳的睡衣並穿好衣服，到實驗室來。我有一個東西要讓妳看看。」

「最好是個好東西！」滿是睡意的妻子如此回答。

那確實是個好東西。赫爾嘗試過許多種稱爲光聚合物的樹脂基底材料，發明出一種幾乎像是魔術一般的方法，只要將液體樹脂暴露在紫外線中便能變成堅硬、耐久的物品。他稱這項新技術爲**光固化成形術**。經過幾個月的發展，它成爲我們目前稱爲 3D 列印科技的基礎。

安東妮·赫爾（Anntionette Hull）回想那個命運之夜發生的事：

> 赫爾握著這個東西說：「我做到了。我們知道的世界將不再一樣。」我們又哭又笑，整晚沒睡，都在想像著。那一晚，我知道他做到了一件很棒的事，一件很有意義的事。我一直珍藏在心裡。

安東妮仍然擁有那第一件 3D 列印的物品——一團約 2 吋大，難以形容的黑色塑膠。她將它放在包包裡，如果你問起，她就會開心地拿出來展示給你看。她說她有一天會捐出去給史密森尼學會（Smithsonian）。

赫爾的智慧結晶 3D 列印，是積層製造的一種形式。積層製造是指將材料堆疊起來，製造出產品的任何一種生產方式，而非切削、研磨、鑽鑿或其他削減成形的**減法製造**技術（減法製造構成了如今稱為**傳統製造**的幾項活動之一，傳統製造的其他技術，有時被稱為**成形製造**、**射出成形**、**塑形**、**接合**以及**組裝**）。

積層製造雖是相對較新的名詞，其方法本身卻並不新鮮。積層製造的古老形式包括脫臘鑄造法（也稱為脫臘法），長久以來藝術家使用此法來做出既存雕像或其他物品的複製品。比較新近的技術是噴墨列印，將微小墨滴噴射在表面以創造出形象。赫爾的光固化成形術的發明，為積層製造開啓了一連串新形式的大門，其中有許多原本散見於 3D 列印的名稱之下。

時至今日，在赫爾的發現經過 30 年之後，許多人仍將 3D 列印與在禮品店選購的桌上小型塑膠擺飾或玩具聯想在一起。但是如果你是近幾年接受過膝蓋或髖關節置換手術的數十萬名美國人之一，你的生活可能就是因為這位積層製造的天才而獲得轉變。

史賽克公司（Stryker Orthopaedics）是少有人曾經聽聞過，最具創新能力的美國公司之一。這家公司是由一位外科醫師和擁有約 5,000 項專利的發明家荷馬．史賽克（Homer Stryker）創立於 1941 年。如今，這家位於卡拉馬朱市的公司擁有近 100 億美金的年收入，並且創下骨科移植界一些最著名的突破性進展。史賽克爲關節移植打造出鈦金屬零件，其中許多都經過特別設計，以合乎個別骨頭構造與肌肉組織，使人免於關節炎的痛苦，並且提供長達數年無痛的身體活動。

很少有人知道，那些客製化的零件當中，有許多是史賽克使用 3D 列印機製造出來的。

其他值得關注的優點還包括：史賽克以 3D 列印的零件可以不需要水泥、黏著劑，和其他往昔用來製作可黏附於鄰近骨頭的植入關節的笨拙方法，就能夠讓外科醫師進行移植。幾年前，研究人員發現，如果移植物品的材質與結構正確，不平整的邊緣與精確的內孔隙度可提供骨頭擴張的空間。透過此稱爲生物固定作用的過程，活體骨頭會自然而然生長到人工植入物之中。

能促進生物固定作用的移植物品，難以使用傳統製造方法設計與打造。但是對經過聰明編程的 3D 列印機來說卻很容易，它可以一次以幾分子的測量，分配確切的鈦金屬量。難怪 3D 列印的植入關節可以橫掃市場。

2016 年，史賽克宣布要投資 4 億美金建造新的積層製造列印設備，使用被稱爲**選擇性雷射熔融**的技術來製造更好的植入物。同時，史賽克也與醫院合作研究下一個大突破：開發小型、特別編程的 3D 列印機，可以當場做出客製化的植入物。外科醫師和病患只要等著接收就可以了，省時又省錢。

史賽克的事蹟只是許多故事之一，這些故事極爲清楚地顯示出，積層製造早已不只是製作可愛塑膠玩具和簡單小物品的工具。

獲取動能的一場寧靜革命

很奇怪的是，處在這個科技發展太常被過度吹噓的世界，積層製造卻相對以極少的宣揚，便在製造業版圖裡拓展了它的地位。

製造業的這種轉變所受到的宣傳與關注都相對低調。一個原因是其他科技的數量之多與曝光度之高，尤其是與資訊科技與通訊業相關的發展，例如智慧型手機、以網路爲主的企業平台、無人駕駛汽車與機器學習與虛擬實境等。雖然這些科技有些還沒能有效上路（例如自動駕駛汽車），但這些酷炫的突破性進展，以及爲它們大肆宣傳、魅力非凡的執行長們，仍吸引了近年來大部分媒體對科技業的注意。

有些快速採用積層製造的公司，有他們自己想避開關注的理由。如〈前言〉中所述，有些公司想避免吸引試圖超越他們的對手公司的競爭，其他公司可能顧慮到會引起員工的負面情緒（「如果 3D 列印機當道，那我的工作怎麼辦？」）或顧客的擔憂（「3D 列印的零件眞的跟傳統零件一樣堅固安全嗎？」），還有其他公司可能會擔心來自政府管理者的加強監督。這些所有的原因，使許多大公司只以最少的公眾話題在追求積層製造策略。

積層製造作爲經濟變化的驅動力量，卻相對缺乏認知度的另一個理由是，對這項科技的眞正潛能所持續存在的懷疑論。3D 列印科技早期版本的限制與缺點，多到許多人過早地放棄它。這樣的懷疑論，在耗費一生的時間使用並改善傳統製造工具的工程師們之中特別風行，這是可以理解的。讓懷疑論者採取新的思考方式，以充分掌握這項新製造科技可能有的利益，需要時間。同時，他們也將自己的懷疑散播給企業圈中的非技術人員——即便以積層製造進行實驗的科學家與工程師們，正在想方設法克服這項科技起初的限制。

時至今日，我仍然會遇到許多舊有懷疑論的殘餘勢力，許多人仍然相信關於積層製造的一些既有迷思（參見下頁表 1-1）。

由於這些迷思的風行，包括許多與積層製造直接相關的企業領袖在內，大多數人仍然對此技術可以轉變無數產業的卓越潛能只抱有模糊的知識，而這份潛能正以極快的速度在兌現。

在某些案例中，整個產業都已經轉移至積層製造。我已經解釋了髖關節與膝蓋的移植產業是如何在這條路上長途跋涉。另一個例子是助聽器，該生意服務的對象是約 3,500 萬名受聽力喪失之苦的美國人，以及世界各地共計好幾億的人口。

傳統助聽器製造工法，從製作耳朵外型的鑄模到將其轉換成耳模以裁修成最終的外殼，包含 9 個錯綜複雜的步驟。這些

表 1-1 積層製造的迷思與實情：為何積層製造能超越你的思維格局

迷思	實情
積層製造僅局限於塑膠小東西。	積層製造如今使用的材料從不鏽鋼、金、銀、鈦金屬到陶瓷、木頭、水泥……甚至是食物與幹細胞。
積層製造主要用在大小不過數英吋的小型品項。	積層製造如今被用來建造尺寸更大與複雜度更高的工業產品，使得這項科技成為許多傳統製造業的可行替代品。
積層製造是個人自造者在地下室與倉庫工作室裡，愛好使用的工具。	愈來愈多業界巨擘正在將他們全部或部分的生產系統，轉換為積層製造的方式。
積層製造的品質不如傳統製造方式穩定。	積層製造科技正在快速進步，已經以較低的成本，為許多重要的產品類型提供更好的品質。
積層製造唯一真正的長處，是它可以設計客製化的零件。	客製化的確是積層製造的一大優點，除此之外，還有包括減少材料浪費、減輕產品重量、組裝更簡單、資金成本更低、製造基地更小等其他優點。
積層製造將會被廣泛用來生產高端用途的少量專業零件。	積層製造如今提供的品質、效能以及成本優勢如此重要，以致這項技術更是被使用在大規模地生產標準化產品上。

工作需要技能熟練的技師，從開始到完成需時超過一週。有時完成品舒適安穩地貼合，有時卻並非如此。「它們可能在耳朵內部貼合得很好，或是因爲過鬆而晃動。」一家 3D 列印公司的管理者珍娜・法蘭克林（Jenna Franklin）說道。

使用數位科技以簡化並改善這種複雜程序的突破性進展

開始於 2000 年。當年，瑞士的助聽器製造商峰力（Phonak）與一間專精於 3D 列印與軟體的比利時公司實現（Materialize NV）合作，使用積層製造做出第一個客製化的助聽器。

即使在當時，想法已很明確：沒有兩隻耳朵會一模一樣，所以能夠製造出精確貼合耳朵的助聽器是既複雜又極具價值的事情。積層製造提供了一個理想的選項。因爲 3D 列印機由精密的軟體程式下指令，易於打造出完全符合獨特用戶需求的客製化產品。在峰力展示那個可以被大量生產的 3D 列印助聽器後，這項新科技在這個領域中便具有壓倒性的優勢。

這項新穎、高效率的科技，需要聽力學家使用配備有雷射光的 3D 掃描機來做出數位耳模。耳模會交給取模師設計客製化外殼，用來進行 3D 列印與符合適當的電子內裝。這些步驟大致都可在一天之內完成。到了 2015 年，全世界已經有超過 1,500 萬個客製化助聽器是由 3D 列印機生產的。根據我對某位執行長的採訪，也許最值得注意的是，在美國這個產業在一年半之內便從傳統製造技術過渡到 3D 列印，有許多沒跟上隊伍的業者都停業了。這證明了，當情勢正確的時候，一項創新可以用多快的速度橫掃產業。

另一個例子是製造矯正牙齒用的客製化牙套。齊亞・基斯蒂（Zia Chishti）是生於美國的巴基斯坦裔的企業家，他在就讀史丹佛商學院時發現，他那一口歪斜不整的牙齒有損他的專業形象。他不願意戴那種會讓人聯想到十幾歲青少年的傳統金屬牙套，於是想到造出一個透明的矯正器來調整牙齒間距。這激發出了一個商業點子：爲什麼不使用新的光固化成形術科技來打造客製化牙套的模型呢？ 1997 年，基斯蒂找到了愛齊科技（Align Technology）來測試這個想法。

如今，愛齊的專利軟體以透過 3D 掃描機捕捉的口內數位模型爲基礎，爲個別牙科患者設計透明的矯正器。每一個獨一無二的齒模，都是在由列印機製造商 3D Systems 管理的廠房，以光固化成形術列印機製造出來的，這家公司每日送貨量高達 8 萬個矯正器。其他公司，例如克麗（ClearCorrect）與直美（Orthoclear），發展出了他們自己用來設計與列印客製化齒模的系統。多家公司都在與愛齊競爭隱形牙套的廣大全球市場占有率。據估計，每年約有 600 萬件生意。由於每筆生意最終都需要 12 付或是更多的矯正器，讓使用者的牙齒逐漸移動到適當的位置，因此這是一門大生意，而且也是另一個積層製造快速又安靜地取得主宰地位的產業。

像這樣的產業，已經破除了對於積層製造只能用於生產原型、少量的品項或利基市場的專門零件的迷思。

趨近臨界點

此外，也有積層製造尚未占有優勢，但卻正在增加占領版圖的產業。以汽車產業爲例，有些人主要仍透過由身兼喜劇演員與脫口秀主持人的傑．雷諾所說的經歷將 3D 列印與汽車連結在一起。他使用這項科技來爲其收藏的古董車製作零件的替換品。雷諾喜歡告訴汽車愛好者，他的 3D 列印機能夠讓他創造出任何損壞或是遺失零件的精確複製品，小從一塊裝飾或轉動式門把，到 1907 年款懷特蒸汽車（White Steamer）的整個散熱器。

無庸置疑，的確很酷。而以相當不同的方式也能做到這麼酷的，是商業報導中關於初創公司 Local Motors 的成長故事。這家公司 2014 年在芝加哥的國際製造科技展上了頭條，當時有一群人見證了 Local Motors 的 Strati 車款——世界上第一輛 3D 列印汽車的生產（精確來說，Strati 大約 75% 的零件是 3D 列印，至於橡膠輪胎、煞車、電池以及電子引擎的部分，則是以傳統方式製造）。比起以傳統方式打造、有 3 萬個零件的汽車，Strati 僅僅花費 44 個小時就完全列印出一輛由 50 個獨立零件構成，有 2 人座位的曲線型小敞篷車，底盤與車身則由碳纖維強化塑膠製成。Strati 約四分之一的零組件，如前述的輪胎，是由傳統方式製作。工程師們希望在幾年後將這個比例減少到 10%。一輛 3D 列印的 Strati，依據其擁有的特點，零售價估計落在 1 萬 8 千至 3 萬美金之間。

一位《大眾機械》（*Popular Mechanics*）雜誌的評論家在 2015 年 9 月試駕 Strati，並宣稱這車「相當好開」。他分析了用來打造 Strati 的高效生產方式後，下了如此結論：「我們目前認為車子既複雜又昂貴是理所當然的。但當你駕駛過 Strati，會很容易地想像，有一天我們會認為不複雜又不昂貴的車子才理所當然。」

Strati 只是 Local Motors 發展出來的 3D 列印車款之一。2015 年首先揭幕的 4 人座汽車 LM3D Swim，和 Strati 一樣使用電力。此車的設計來自凱文．羅（Kevin Lo），他還贏得一項評審成員包含傑．雷諾在內的競賽。當時，Strati 和其他由 Local Motors 設計的車子被歸類爲「社區型電動車」（相當於高爾夫球車），這限制了它們在街道上與高速公路上的使用。Local Motors 希望當這些規定上的障礙被克服之後，可以在田納西州的諾克斯維爾市生產這些車子。

今天，這家公司將重心放在原先爲了 2030 年柏林都市易行挑戰賽所設計的自動駕駛電動公車 Olli 上。這輛車有 12 個座位，可以用來載送學校或社區團體外出，作爲固定路線上的大眾交通工具，或是提供手機應用程式的客製化叫車服務。Olli 的自動駕駛功能使用 IBM 的人工智慧華生（Watson），這是它首次被如此運用。Olli 經過現場展示，已經準備好在 Local Motors 位於亞利桑納州錢德勒市的工廠生產。從內華達州的拉斯維加斯，到丹麥北方的自治市西斯默蘭，都已表達想要在市內使用這輛車的興趣。Olli 的既定使用方式，如供主題樂園遊客使用的接駁車，則不會受限於目前限制 Strati 上路的同樣規定。

Local Motors 所有車子的設計都獨一無二，且具有開創性。這家公司也運用生產設備的靈活性，讓顧客可以參與產品的「共同創作」。Local Motors 至今開發出的第一件產品是「拉力戰神」（Rally Fighter），這是設計在沙漠或是其他偏遠地方探險的越野車。開發 12 個月之後，在 2010 年發表。它的速度對於尋常的汽車產業標準來說簡直是奇蹟。拉力戰神當時是由 Local Motors 新的社群成員使用群眾外包的技術而設計出來。Strati 的設計也來自於類似的協作過程。到了今天，Local Motors 的網路社群已經成長至超過 7 萬名貢獻者。一名撰文者稱他們爲「設計師」「工程師」「程式設計者」，當他們的設計理念被運用時，自己可以賺取權利金。

Local Motors 策略長賈斯汀．費雪肯（Justin Fishkin）如此解釋這個方法：

> 與其在一個地方生產 100 萬輛相同的汽車運送到世界各地，何不讓地方上的有心人士來設計、生產並且提升相容於當地科技、基礎設施與能源生態系統的特定應用汽車呢？……這是範圍經濟與規模經濟的抗衡。我們可以做出更少量、更有區別性的產品，獲得更高的利潤。以一條數位化的線連結設計以及彈性化生產，我們在生產新的汽車與運用新的科技上降低了最小有效規模。這讓社群可以定義出他們自己移動易行的未來。

Local Motors 認爲其共同創作與微製造模型適用於許多其他產業，而其他公司的領導者也同意這一點。自從打造出販售軟體即時服務系統的分部 Launch Forth 公司之後，Local Motors 也宣布了與奇異合作的「熔合」（Fuse）計畫。這個計畫從位於芝加哥西部的 mHub 創新中心爲起點，透過網路以及全國的微工廠設備，將提供同樣的專業與指導給企業界人士、工程師、創業者以及學生。

當然，Local Motors 離主導自動化製造的世界還很遠。2017 年中，傳統業界巨人仍然領導這個產業，豐田、雷諾—日產、福斯以及通用汽車占收益排行前四位。但是如今的傳統汽車製造者——而不是只有像 Local Motors 的創新公司——都已經開始邁向以積層製造爲主要生產過程的必然轉變。

在汽車產業的高端，積層製造可以輕易客製化符合購買者規格零件的能力，已經受到保時捷、BMW、賓利以及法拉利等廠商的採用，爲「訂製」款汽車增添個人風格。舉例來說，以駕駛者腕錶錶面爲模型的儀表板時鐘，被安置在某些勞斯萊斯的車款上。產業專家說，這些強化的風格，明顯提升了特定車款的銷售，其帶來的利潤遠大於超額成本。

但是這些小規模創新雖然吸引人，跟積層製造正爲汽車製造業者所帶來的重大變化相比，卻是微不足道。到了 2014 年，3D 列印已經廣泛使用在整個汽車產業的設計、原型以及新車款的測試上。現在這項科技已經在每日的製造與營運上找到了自己的路。例如奧迪轉爲依客戶需求，3D 列印出替代零件，沒有倉儲，不用運輸，以此徹底簡化了供應鏈。

在之後幾年內，積層製造預期將會接管愈來愈多的汽車生產程序。對於更輕盈、更堅韌、更省能源同時也更耐碰撞的汽車的需求，讓大家對以超堅固複合材料如碳纖維與玻璃纖維所生產的積層製造零件，感到高度興趣。如本田等廠商，已經展示了車身面板以及大部分零件都是利用積層製造所生產的實驗型汽車。分析師指出，積層製造在汽車產業中的收益在 2016 年底達到 6 億美金，在 2021 年時將成長到 23 億美金。

某些領先全球的汽車廠商，他們重要的策略性選擇，甚至能反映出其追求製造業未來改革的決心。他們開設積層製造實驗室，與積層製造公司建立夥伴關係，並投資擁有前途看好的新科技的新創公司。

他們也雇用對於這項新科技了解甚深的人才。例如 2017 年 5 月，福特在馬克．菲爾德斯（Mark Fields）退休之際，選擇吉姆．哈克特（Jim Hackett）擔任新的執行長與總裁，使許多產業觀察者大感意外。哈克特曾經領導福特智慧移動（Ford Smart Mobility），這個部門致力於探索汽車產業的高科技未來。照福特自己的說法，該部門的名稱代表「互聯、移動、自動駕駛、客戶體驗與數據分析」。但是更有意思的是，哈克特曾經擔任斯克斯公司（Steelcase）的執行長，這間家具與設計公司曾經透過大肆宣傳與麻省理工學院之間的創意合作，投身積層製造的世界。因此，對積層製造的未來具有重大影響的幾項科技，諸如 3D 列印的設計與使用網路數據與分析以強化產品發展與創造等，對哈克特而言都不陌生。

人們預期，哈克特會將主要資源，投入在類似福特先前嘗試以 Stratasys 的大型 3D 列印機製造汽車內裝模組的計畫。哈克特榮升後幾週之內，福特也宣布了與 Carbon（原先稱爲 Carbon3D）的新合作關係的細節。Carbon 開發了一項被稱爲連續液態介面生產（CLIP）的新積層製造科技，此科技可以比舊的 3D 列印方式更快生產出零件（如頁 44-45 表 1-2 所示）。以福特積層製造研究的領導者艾倫．李（Ellen Lee）的話來說：「如果我們可以減少幾個月的生產時間，早一點取得進入市場的新款，我們就省下了數百萬美金。」

一個世紀之前，福特在其富有傳奇性的領導風格之下，成爲現代組裝線上的先鋒，並且協助帶領製造業進行了一次大轉型。如今，新的領導者與高科技設計與製造業的世界有強烈的連結，福特已經準備好再度協助帶領第二次的轉型。這次的轉型，可能讓曾經定義大規模製造的福特式組裝線系統，永遠失去主導地位。

另一個似乎也已準備好加入積層製造改革的產業，是傳統建築業。這是全球性的巨大產業，收益高達 9 兆美金，占全球 GDP 的 6%。但是傳統建築業似乎一直跟不上腳步，過去 10 年的生產力幾乎沒有增加。即使有藍圖設計軟體與其他數位化的工具，建築商仍然以和一個世紀前大致相同的方式，一磚一柱一梁地在蓋房子。

積層製造具有使工程進度數位化的潛力，其優點還包括讓一切都減少到最精確的測量，所以屋主與建築師可以隨心所欲地蓋房子，不需要犧牲品質，也不會有傳統勞力難免會出現的失誤。這也是爲什麼營造商會對 3D 列印的潛力感到如此興奮的原因之一。這項科技的靈活性，使工程進度在大大提升的同時，也能確保堅固、耐久、美觀與安全性。

當然，加大積層製造的規模來處理房屋大小的產品不是件小事，更別說是辦公大樓或是摩天大樓。但是世界各地展示的專案計畫已經很清楚地顯示，積層製造科技在大型建築計畫的可行性上既可靠又經濟。以積層製造進行實驗的建築公司，已經生產出具有傳統風格又符合堅固性與成本考量等一般標準的建築物。

例如，中國公司華商騰達（Huashang Tengda）在 2016 年 6 月展示了一棟以極為堅固的 C30 層級混凝土澆注鋼架（在別處建造再運到工地）為材的 3D 列印建築，這棟「豪華別墅」占地 4,300 平方英尺，有厚達 2.5 公尺的牆壁，可以承受芮氏規模 8 的地震——如此強大、能摧毀城市的地震，平均每年只會發生一次，可能會出現在世界上的任何地方。這棟豪華別墅用了多少時間建築呢？答案是 45 天，大約是傳統建築方式的一半。

積層製造為建設公司提供更新、更好的方式，來建設那些我們在城市街道中會見到的建築物。但是它也創造出少有人想像過的嶄新可能性。例如，我們將可以蓋出，因經濟考量而生產不出的新外型。我們可以蓋出在大自然中見到的曲線，而不是霸占街景與天際線的直線外型；對哈比人以及破除陳規的西班牙建築家安東尼．高第的粉絲們來說，這簡直是太棒了。它還可以製造出符合人性需求與藝術創造極限，更輕盈、更堅固的結構。中國公司盈創（Winsun）2017 年在杜拜列印出未來主義式的辦公大樓，便足以印證這點（如下頁圖 1-1 所示）。

圖 1-1　曲線化的建築所建構的「未來辦公室」。這是盈創在杜拜列印而成，2016 年 5 月正式揭幕。照片由 AP Photo / KAMRAN JABREILI 提供。。

該大樓戲劇化的曲線風格，被一位記者比擬爲孟山都公司在 1957 年於迪士尼樂園揭幕的現代「未來之家」。那時是對太空時代建築的憧憬，直到現在才終於實現。

新的積層製造建築，比傳統方式建造的房子更加便宜，因爲整個過程是由數位化控制，施工人員可以依賴列印機做大多數的工作。位於高第家鄉巴塞隆納的高等建築研究所已經開發出「迷你建築工人」，這是透過感應器定位的小型機器人，以軟體連結，配置了積層製造設備，比起人類工人，它們可以在較少的時間內，以較少的成本成群結隊地蓋房子。這個製程浪費也更少。而且，不僅是製作水泥架構，木頭、塑膠與金屬等對這些機器人也是小菜一碟。

如果預先製造好架構，再在工程現場組裝，還可以省下更多成本。預先製造的製程已經存在了好一陣子，但是 3D 列印可以做到相當精準的程度，使組裝的製程變成輕鬆的工作。人口過多的沙烏地阿拉伯正在與盈創洽談，要在接下來的五年內印製多達 150 萬棟，有一部分經由預先製造、由 3D 列印的房屋。盈創認爲，這項科技最終在解決全球未達標準的房屋與無家可歸的社會問題上，將會有很大的成就。

積層製造日漸增加的利益

如你所見，積層製造科技爲製造業者提供了許多傳統生產技術無法達到的優勢。除了我已經提到過的好處，還有不昂貴的客製化以及更快進入市場，還包括：

更好的設計複雜度。積層製造物品的能力，可以用比以往更爲複雜的內部結構來打造產品。以往因爲太過精細而無法碾磨出來的幾何圖形，現在必要時，能夠以幾分子的單位列印出來，使勞力密集與耗費成本的生產過程變得沒有必要。3D Systems 前任總裁與執行長艾維．雷切托爾（Avi Reichental）說過這句名言：「有了 3D 列印，複雜度可以免費獲得。列印機不在乎它是製造最基本的形狀還是最複雜的形狀，而且如我們所知，它還能完全負責設計和製造。」雷切托爾這句名言雖然仍經常被引用，卻並不完全正確。複雜的品項對 3D 列印來說需要花多一點時間，而且會耗費額外的材料，所以複雜度在意義上是承擔著成本的。然而，那份成本通常顯著低於傳統製造。所以，複雜度並非「免費」，但卻是明顯負擔得起。

單一步驟生產。在某些運用上，以傳統方式必須分別製造再進行組裝的部分，可以使用 3D 列印以單一步驟生產（這也是爲何 Strati 車款的零件比例只是傳統車款的一部分）。其結果是，組裝成本與組裝時的人爲失誤機會，都將大幅減少或完全消除。

更輕、更堅固、更簡單的產品。單件式的 3D 零件與產品，通常比以更低的運輸成本與較長的產品壽命來節省成本的傳統製造多件式零件與產品，來得更輕、更堅固。在我參訪 Desktop Metal 公司的工廠時，其執行長與聯合創始人里克．富洛普（Rick Fulop）對我解釋說，結合許多不同的內部蜂巢結構，可以在重量、力度、材料使用、耐衝擊力以及成本上，達到趨近完美的平衡。富洛普也提到**縮減配置**的好處：可以輕易移去顧客不需要或是不想要的、與產品無直接相關的特性。這是積層製造勝過傳統製造的另一個面向。

材料選擇倍增。愈來愈多的材料被運用在 3D 列印科技上。高端用途和極端環境下使用的，以碳纖維或奈米碳管強化的塑膠，已被廣泛運用。重工業、電子業、耐用消費品業使用的金屬和金屬合成物也同樣如此。如今，3D 列印科技也已發展出對玻璃、陶瓷、石材、木材、克維拉纖維以及許多材料的運用。新的科技可以使用兩種或更多材料同步列印，更增加製造上的靈活度並省下更多時間與成本。

以下有一個關於這些新的性能如何實際發揮作用的簡明案例：奇異與飛機製造商合資生產出的塞斯納．迪納利（Cessna Denali）商務飛機使用的渦輪螺旋槳發動機引擎，是透過 3D 列印出來的。這款新設計的引擎比類似的引擎多了 10% 的動力，但燃燒的燃料少了 20%。更令人驚奇的是製造效率的提升。在過去，引擎的 845 個獨立零件，全部都需要個別組裝。而在新的設計中，它們只包含**11 個**以 3D 列印的鋼材與鈦金屬構件。想想看那樣省下的時間、勞力、金錢，更不用說因此消除的數以百計、能輕易造成卻昂貴更甚而危險的組裝失誤的機會。

層出不窮的新興科技

如同前文曾展示的產業案例，積層製造主要可用來生產書桌小擺飾和聖誕裝飾品的概念早已不合時宜。世界上一些最大的產業，受到積層製造強而有力的經濟與商業益處的吸引，已經在轉換的過程中。

另一個廣為流傳的誤解，是認為積層製造只是**單**一科技。事實上，積層製造非常多樣化，而且新的科技正在持續不斷地被開發出來（如下頁表 1-2 所示）。在本書中，我將會探討積層製造是如何被運用在許多產業上。由於我的重心擺在這些製造業創新的商業、策略、經濟以及管理上的衝擊，而非技術層

表 1-2　3D 列印技術一覽

製程	著名科技與發明日期	說明
擠製積層	熔絲製造（1989）及大面積積層製造（1989）	由噴嘴擠壓出材料，以印製塑膠零件。
光固化積層	光固化成形術（1986）、連續液面生產（2014）及數位光處理（1987）	使用雷射光來固化工作槽中的液體樹脂，以打造物體。
粉床熔融積層	選擇性雷射燒結（1986）、選擇性雷射熔融（1995）及多射流熔融（2014）	使用雷射光或紅外線光束進行層層熔合、融化或熔接粉末狀的塑膠或金屬，以打造出固體結構。
材料噴塗積層	3D 噴墨列印（1998）	由中空針管投出點狀液體樹脂，以紫外線雷射光固著成為物體。
氣溶膠噴射積層	氣溶膠噴塗製造（2004）	以造霧機打散源頭材料（聚合物）成為一道細流，由精細的噴頭精準投出。
直接能量沉積積層	雷射近淨成形（1997）及電子束積層製造（2009）	以雷射、電子束或其他來源的熱度融化或是熔接金屬粉末或金屬線。
熔覆積層	雷射熔覆，也稱為雷射金屬沉積（1974）	以雷射光融化粉狀或線材原料，形成金屬薄層，覆蓋在工件表面。
接著積層	黏著劑噴印（1993）及單通道噴射（2015）	由滾筒或列印頭置放一層粉末，再以接著劑或是燒結製程接合。
疊層積層	選擇性沉積疊層（2003）	選擇性使用熱度、壓力或是接著劑，將一層一層的材料結合在一起以形成物體。

代表性用途	公司
汽車與航太產業的原型、高端塑膠零件，以及製造例如車體架構以及潛水艇船殼的大型物體。	福特、捷普、勞氏（Lowe's）、美泰兒（Mattel）、波音、Local Motors、橡樹嶺國家實驗室
牙科用貴金屬、製鞋與汽車產業的原型與零件製造。	索尼、通用汽車、福特、奇異、特斯拉、迪士尼、紐巴倫、愛迪達、波音、諾華（Novartis）
為許多產業製造帶有複雜幾何圖形的功能性部件。	波音、空中巴士、耐吉、紐巴倫、奇異、3M、美國太空總署、史賽克、嬌生、西門子、歐特克（Autodesk）
製作包含多層印刷電路板在內的有機發光二極體螢幕，及嵌入式電子產品。	LG、三星
製造精巧的電路板以及嵌入式電子部件，包括天線與感測器。	奇異、美國太空總署、洛克希德・馬丁、美國空軍、光寶科技、博世（Bosch）
修復金屬結構或是在既有部件上增加材料；航太、國防以及醫療產業的大型、高價值零件的少量生產。	奇異、美國太空總署、歐特克、泰科電子（TE Connectivity）、空中巴士、洛克希德・馬丁
於管路內壁或渦輪葉片塗上高效能的抗腐蝕材料。	東芝、奇異、聯合技術
航太、汽車和重工業用的砂模鑄造、砂芯以及零件的生產。	美國海軍、BMW、福特、開拓重工（Caterpillar）、勞氏、Google
教育、建築以及醫藥產業的全彩零件。	史泰博（Staples）、本田、美國太空總署、波音、耐吉、麻省理工學院

面，我會時常將這些方法歸併到積層製造的一般主題之下，只在有需要時才會提到技術上的區別。然而，重要的是要記得：積層製造事實上不是一項科技，而是一群持續被擴展與改善的眾多科技。

積層製造普及到愈來愈多的產業，有一部分是受到特定科技一連串的嶄新突破而驅動。未來 2 到 3 年間有五項科技特別值得矚目：在 3D 列印龍頭惠普的支持下，快速普及的**多射流熔融列印**；由 Carbon 領先的**連續液態介面生產**；由 Desktop Metal 公司開發，比舊式雷射基礎系統快上百倍的**雙向單通道噴射**新科技；由 Optomec 公司開發，可以單步驟列印電子機械裝置的**氣溶膠噴塗製造**；以及 Kateeva 等公司，用來大規模生產有機發光二極體顯示螢幕，成本比傳統製造低達 50% 的 **3D 噴墨列印**。在 2016 到 2017 年間，這五項科技在速度、正確性與可購性上達到了驚人的水準。也就是說，它們已經準備好要改造過去未受到積層製造改革影響的新產業。

科技突破中有一個特別值得關注的領域是**單層列印**。這項科技可創造出不需要接合或是接縫的產品，用的是一道連續製程，而不倚賴疊層的方式。Carbon 的連續液態介面生產科技就是一個例子。單層製程比疊層製程快速很多，使生產力增加、整備時間變快，原先不可能處理的複雜幾何圖形變得可能。在 2017 年底，具有這些性能的單層製程仍然在開發中。然而，它們終將會消除人類與列印機的互動需求，通向完全自動化的工廠環境。

另一個促使積層製造快速普及的因素，是開放的材料與產品設計，以及控制 3D 列印機與其他機器的開放軟體系統的興起。封閉的系統通常會令人不想使用導致延緩創新的發展與傳播，而開放的系統則會吸引全世界都參與新的應用程式的生產與分享。蘋果的封閉系統，與微軟和 Linux 開放系統之間長期的交戰，讓世人明白了這個道理。最終，蘋果延後發表它的應用程式商店，使上千家外部廠商創造出適用 iPhone 手機和其他蘋果電腦裝置的應用軟體。

數年來，3D 列印機廠商多使用封閉系統來運作機器。然而到了 2017 年，有一股趨於開放系統的潮流。例如，業界巨人惠普現在對想要使用惠普的 Jet Fusion 列印機測試新材料性能的第三方，提供材料開發組合。惠普也與一群化學與材料廠商建立了合作關係，要與他們共同開發應用在 3D 列印的新材料。這些潮流開拓領域也鼓勵創意。可惜的是，開放系統也同時增加了積層製造遭受惡意駭入的脆弱性。我相信對於有錢有勢，可以發展與導入強大保全措施的大公司而言，長期來看，這會是獲得優勢的一點。

除此之外，我們也正見證許多傑出衍生科技的興起，可將積層製造以獨特的方式用在專門的用途上。其中有一些與未來有重大的關聯。

其中之一是 **4D 列印**，當中愛因斯坦的第四維度——時間——在形塑產品與最大化其用途上，扮演了舉足輕重的角色。在 4D 列印中，當熱度或溼度的條件被運用時，3D 列印的架構便有了新的、永久性的型態。4D 列印與自組裝相當接近，這是一項實驗性的新科技，可以讓具有多項零件的裝置隨著時間自行重組。在麻省理工學院的自組裝實驗室是這些領域中的實驗溫床。此研究室已經開發出包括一種被稱爲「活性拉脹」（Active Auxetic）的創新材料，這是一種在冷天氣中會自動收縮以提供這種拉脹衣料穿著者額外溫度的一種紡織品。這間實驗室也在研究其他讓類似智慧型手機這般複雜的裝置可以自動組裝的科技。一旦達到完美，這些科技可以大幅降低電子以及其他產品的製造成本，將更多強而有力的工具送到數百萬人手中，帶來深遠的經濟效益。

在〈前言〉中，我提到洛克希德．馬丁對於**大面積積層製造**的使用。這是使用 3D 列印來製造大型物品的一項科技。想像一下：一系列攀掛在鷹架上的 3D 列印機在空間中**移動**，打造出比列印機還要大型的零件。以此方式打造的物品，通常都包含有讓分別、專門製造出的模組可以被安裝進去的隔間——這是我稱爲**巨型模組化**的製程。這種方式如今正開始被應用到各種產品，從汽車和飛機到家庭用品，節省時間、金錢、材料和其他資源。這也帶來了新的靈活度，大型物品的生產，從巨大的工廠中，轉換成可根據市場需求的變動而快速且容易在不同地點之間移動的現場。

另一個出色的積層製造創新是**奈米列印**，用來列印大小介於 1 公尺的十億分之一至一百之間的物品（以具有代表性的一個蛋白質分子爲例，大小可能在 10 奈米左右）。奈米列印目前被使用在研究工作上，尤其是醫藥方面，例如用來測試使用3D 列印出來的工具對病患的特定身體部位施藥或是對中毒或罹癌部位進行淨化的可行性，它終將可望使醫師和生物學家們才正開始想像的許多醫療科技成爲可能。奈米列印上的突破，也將使積層製造可以生產小到令人難以置信的精準構成的物品，例如比一粒沙還小的電池，可以提供協助超精細療程的奈米機器人電力。

另一個創新領域，而且可能是所有創新中最令人吃驚的，是**生物列印**。使用所謂的「生物墨水」，來做出模仿自然生成組織功能的結構。這些生物墨水一般是由兩種物質混合而成：活體細胞以及「細胞外基質」。生物材料與化學物質的組合對細胞提供結構與化學上的支持。生物墨水的實驗者正在努力以作爲天然血管內襯的內皮細胞做成具有功能性的血管。能有以積層製造做成的血管，是讓器官移植更容易與安全的一大進步，因爲在器官移植中，血管的缺乏是最主要的障礙。生物墨水列印已被用來製作藥物測試，以及病理實驗用的組織、植皮與修復用的皮膚細胞，和其他應用上的活體材料。

在所有的變化中，積層製造也將在未來開啓科技、科學以及商業上許多新的驚人機會。其中有些牽涉到的領域，很難想像是和數位製造會產生關聯的人類活動。像是好時（Hershey）、雀巢和義大利麵製造商百味來（Barilla），這些公司已經在使用積層製造的科技來製造具有特殊外型、質感與型態的食品。這是對積層製造可以達到的慢速、精準控制的疊層製程的應用。如今，科學家和研究者已經針對更多與食物相關的特殊積層製造在進行實驗，包括將海藻、甜菜葉甚至是昆蟲轉成麵粉，用來做出健康、美味、適合食用的麵糰，以在3D 列印中使用。美國太空總署甚至在測試將積層製造當作在太空製造食物的一種方式，例如在國際太空站印出披薩。

積層製造的獨特性能也被用來因應海洋中的嚴重環境挑戰——因爲氣候變遷、水汙染以及過度捕魚而導致的全世界珊瑚礁的衰退。著名水底探索者雅克．庫斯托（Jacques Cousteau）的孫子法賓．庫斯托（Fabien Cousteau），正與他的非營利機構「海洋學習中心」一起測試，使用積層製造做出幾可模擬天然珊瑚礁外型與質感的人工珊瑚礁。他們的目標是吸引年幼的珊瑚蟲在列印出的珊瑚礁隱蔽處和縫隙中住下，營造出一個生長結構，最終可以爲許多其他型態的海洋生命提供一個家。沒有其他科技可以生產出如此相似於天然珊瑚礁的結構。庫斯托在加勒比海的荷屬波奈進行這項科技的測試，他希望可以讓遭受白化以及流失生物多樣性的當地珊瑚礁復活。如果成功了，同樣的方式可以被運用在波斯灣到澳洲的大堡礁，也就是全世界的海洋中。

也許你已經開始感受到這個科技世界的敏銳觀察者所明白的事情：3D 列印和積層製造的其他形式在人類活動的每個領域中，都確實具有能帶來轉變的潛能。

系統中的系統：在科技鏈中舉足輕重的積層製造

仍在發展階段的積層製造的卓越新科技，本身就令人感到興趣也具有重要性。然而更重要的是，這些科技將在世界經濟中擁有長遠的影響力。在未來幾年，積層製造將可能改變萬事萬物製造的方式。這樣的改變會影響製造設備的性質、規模、組織型態以及所處的地點；影響製造產業的雇用規模與結構；影響貨品的行銷、販賣、倉儲與經銷方式；影響研發、創新以及產品開發的處理方式；影響公司內外結構以及其中的相互關係；影響競爭的本質；影響整個產業的結構；甚至影響已開發與開發中國家之間的全球權力平衡。

這些改變當然需要時間。但是一切將會隨著積層製造的發明、普及與發展而開啓的趨勢，獲得最終成果。

如果有點難以想像單一項突破性進展可以擁有這樣的影響力，那就想想詹姆斯．瓦特（James Watt）在 1781 年生產出可以連續性運動的蒸汽引擎，連續性迴轉運動是第一次工業革命的核心科技。又或者，想想克勞德．山農（Claude Shannon）1948 年的文章〈通訊的數學原理〉，該文建立了資訊數位化的理論基礎，也因此帶來了電腦的改革。

當然，這些個別的突破性進展在它們可以改變世界之前，需要很多支持的元素。但是歷史告訴我們，一旦關鍵的核心科技到位，其他的拼圖就會隨之而來。這就是蒸汽改革與數據機改革所發生的事情，而同樣的過程已經隨著 21 世紀的製造業改革而發生。

在第一階段中，已經在許多產業中發生的，是積層製造的科技正與更多爲人所熟知、傳統的製造科技相結合，例如由 20 世紀早期的創新者福特擔任先鋒的組裝線。在許多工廠裡，3D 列印機被安裝在無用的角落，用來依需求產出零件或是工具。因此，產出的品項協助供給傳統製造工程所需，時常屏除了預購以及將鮮少使用的零件存放在倉庫的需要，而省下了時間與金錢。

積層製造工具只當作配件或是傳統生產方式的附屬品的這些系統，只是處於新興的製造業改革的第一階段，不久之後，我們將會認爲它們是相對原始的系統。下一個階段早已經開始。在這個階段裡，新的積層製造技術將會更加與正經歷發展與進步的其他高科技工具相結合，例如機器人工學、雷射、雲端運算、人工智慧、機器學習以及物聯網等。

這些工具都因爲數位化的影響力而成爲可能。數位化是由可以快速修改、更新與強化的軟體系統所控制，因此得以使整個系統更加靈活、更有效率、更多樣化。這些工具的影響，會因爲與許多公司都正在發展的工業平台的勢力相結合而有數倍的擴展。這些平台將會使用網路的網狀組織與雲端的資料收集和分析能力，連結數百家公司、數千台 3D 列印機與其他積層製造機器，以及數以百萬計的供應商與客戶，成爲可以針對需求改變、供應波動、經濟潮流與其他變化而迅速反應的網絡。

之後的 20 到 30 年間，這一連串的發展——不同形式的積層製造、協助積層製造更有效益的附屬數位工具以及連結起所有科技，成爲浩瀚、極爲強大、超有效率的製造系統的工業平台，將會成就出我所提出的泛工業革命。它會帶來不只改換整個製造業世界，而是整個全球經濟的變動。

Chapter 2
擴展的範圍：何時何地都能製造產品

大規模製造在 19 世紀和 20 世紀初期發展出來時，是技術與經濟上的卓越成就。藉由發展出具有空前效率、能生產數百萬份標準化商品的方式，大規模製造壓低了商品的價格，使商品首次得以讓全世界廣大的新中產階級獲得。但是這份效率是要付出代價的。典型的大規模製造方法，成本高度密集也相當不靈活。架設生產和組裝特定零件所用的機器既昂貴又耗費時間，而從一項設計轉換到另一項則需要額外的成本，而且也會流失生產力。類似機器損壞、停電、原料短缺及操作者的失誤等種種無法預料的問題的變數，導致總故障率達到 3 至 6% 不等，這些問題既耗時間又花錢，對收益一點幫助都沒有。

傳統製造方法的缺乏彈性，大幅減少了一間工廠可以含括的工作範圍。為求取最大效益，廠商只好限制一間工廠設備所能製作的產品範圍，並且避免在設計、材料使用以及其他變動上的頻繁更換。結果是成就了一個死板的系統，對不停改變需求的客戶的應變能力被強制局限住。

如果有一條更好的路就好了……

做出更多：積層製造擴展工廠的工作範圍

長久以來，製造業專家在為工廠的營運帶來更好的彈性、效率與範圍中掙扎。數十年來，他們努力解決諸如更迭成本、設置過程的複雜性以及機器損壞所帶來的損失等問題，也在這些領域中都做到漸進式的改善。從 1990 年代開始的**精實生產運動**，得到品質運動最前線的豐田汽車及其他日本製造商的成功所啓發，在與許多挑戰者的對抗中有所斬獲。但是基本的問題仍然沒有獲得解決。努力運轉的機器在設計、安裝與編程上都是為了實施單一生產功能，而當產品本身或是設計上有所改變時，便需要全面檢修或是更換。

如今，由於有了製造物品的全新方式，終於出現了一條更好的路。世界各地的廠商都在執行積層製造科技，使生產廠房比以往更有效率、更靈活，且更具生產力。

其中一個例子便是「新一代積層製造」（NextGen AM），這是蓋在德國瓦勒爾鎮的所謂「未來的工廠」，由三家公司聯合經營：3D 列印機製造商 EOS、空中巴士子公司 Premium Aerotech 以及汽車製造商戴姆勒（Daimler AG）。在這間巨大的自動化廠房裡，機器會排排陳列，處理生產過程中的每一個階段：3D 列印、碾磨、熱處理、雷射紋理、機械手臂組裝以及檢測。每一列都透過一小隊會移動的機器人來收集與傳送零件與材料給下一列。它們的目標是使用比現今可得的方法更快、更有效率的積層製造，製作出供汽車、飛機和其他可能產品使用的多種金屬零件。新一代積層製造系統，預計將省下與 3D 列印零組件後續製程相關的花費與時間需求，而這些占了積層製造總成本的 70%。

另一個例子是由美國工程界巨人艾默生公司（Emerson）的新加坡製造基地，在 2017 年啓用的一間積層製造工廠。這是艾默生配備積層製造性能的第二間廠房，第一間是在 2014 年於愛荷華州的馬紹爾城啓用。新加坡工廠特別針對的是艾默生在亞太地區的客戶，其收益占艾默生達 20% 之多。除了處理試驗性的生產計畫，新加坡工廠也著重在生產以傳統製造方法無法做出來的零件，例如高階工業用控制閥，這是使用 3D 列印可以更快、更便宜地製造出來，而沒有多餘重量的一種高複雜性裝置。新加坡工廠將提供類似的客製化零件給動力廠、精煉廠以及其他產業，包括精密工程與航太工業。

此外，還有座落在德國魯爾河畔的米爾海姆市，於 2017 年由工程公司蒂森克虜伯（ThyssenKrupp）啓用的積層製造技術中心廠房。這間廠房配備了塑膠與金屬 3D 列印機，爲蒂森克虜伯橫跨工程、汽車、海軍造船與航太工業的好幾位客戶生產客製化產品。在這間技術中心製造的許多產品，都無法以傳統製造方法生產，例如內建冷卻水路而異常抗熱、用來從熔爐攜帶氣體樣本回來的探測頭。

奇異在印度浦那的工廠，是這個快速變換的潮流的另一個例子。如同我所描述的其他廠房，這間「多模式」（multimodal）工廠也使用積層製造爲許多產業生產零件和產品。浦那工廠代表了奇異所稱的「卓越工廠」策略，這是一項新的生產管理方式，將 3D 列印和其他積層製造形式結合機器人工學、收集資料的數位感應器、強大的分析軟體以及融入物聯網的分散式控制。奇異管理階層宣稱，這一連串科技在**卓越工廠**中已將機器損壞率減少到低於 1%。與向來的 3 至 6% 相比，讓人很快能想像出奇異省下的數百萬美金成本。

這些工廠執行的創新工作，是邁向未來的第一步。這樣的未來，讓廠商可以有效率地幾乎在任何時間地點都能製造產品，而且可以將一項產品轉換到另一項，甚至是從一個產業到另一個產業，不論市場的變化何時有此需要。

這是廣大擴展範圍的力量，是商業界的某樣新東西。

範圍經濟：一套新近可得的策略性工具

每一位學商的學生都熟知**規模經濟**。這是廠商爲廣大市場供應大量生產的商品與服務時，可以享有的成本效益。規模經濟包括大批採購原材料的較低成本，在更大的收益基礎上可以分攤行政、銷售、行銷與其他營運功能的固定成本，以及大規模營運的公司經常享有的競爭優勢。

而範圍經濟卻相當不同，而且不爲人熟知。當一家公司可以生產出範圍廣泛的產品以及產品目錄，因此服務的廣大市場可以跨越消費者類型與地理位置時，範圍經濟就會出現。如此廣大範圍的商業模式可以帶來巨大的成本節約。當你可以行銷、販售與經銷的產品選項內容很寬廣，同時以單一商業平台來營運，那麼你的經常性支出與總收益比就會小更多，而大大增加收益。當你也可以在配備幾具高度多元化的機器的單一工廠裡，處理需要相對簡易程序的原材料，生產範圍廣泛的產品時，便可以實現額外的成本節約，使利潤更上一層樓。

不久之前，這樣的範圍經濟很難或甚至不可能獲得。只有少數企業可以做到部分的程度。例如，當網路零售商亞馬遜從一家書店擴展爲「什麼都能賣的商店」，它體現了在赫赫一時的百貨公司帝國衰退之後，少數零售商才能享有的範圍經濟。但是大多數的公司發現了在實際面的限制——尤其是試圖成功管理一家以廣泛多樣的商品面對多個市場的企業的複雜度——使得範圍經濟難以達成。

這也解釋了，爲什麼 1960 年代如此受歡迎的綜合企業的商業模式，如今卻會失寵。這是著名的投資大師彼得．林奇（Peter Lynch）創出「多元惡化」這個詞的原因，它描述大部分企業的擴展超過了其本業的競爭範圍而獲致的結果。這就是這樣的企業爲什麼會要求讓股價**低於**他們資產的總和值——即所謂的「綜合企業折讓」；這也是爲什麼產業巨人如奇異與漢威聯合（Honeywell）會處於「去綜合企業」的壓力之下，努力想賣掉迥異的部門以更加專注地營運。

而積層製造的出現具有改變這一切的潛力。

3D 列印與其他積層製造的科技，使廠商可以擴展他們的營運範圍，而不用受到以往須承擔的壞處。多模式製造工廠的管理者不需要爲求效益而狹隘地專注在單一產業。積層製造的多功能性，意謂著他們可以同時在幾個產業之中營運，以同樣的機器生產出廣大範圍的產品與零件，而且通常使用相同的原料（例如標準化的金屬粉末）。

積層製造也會帶來比其他生產形式更簡單、更快速、更便宜的生產準備成本。不再需要昂貴的壓模、鑄模、工具和其他設備，只要簡單地交換數位設計檔案，就能夠使同樣的基本機器生產出任何所需的產品或零件。這樣的靈活性也代表整個工廠，以及工廠裡的每一台機器，將經歷更少的停機時間，爲公司帶來更大的節約。

積層製造為什麼是達致範圍經濟的最佳方式？

積層製造促成的範圍經濟也有其他形式。由於同樣的裝備可以用來製造更大範圍的產品，資本成本於是被分攤到更大的銷售基礎上，使機器設備的購買、安裝、更新與維修變得更加便宜。其他與企業經營相關的成本，如行政成本、資訊科技成本以及開發和管理用來控制積層製造平台的複雜電腦軟體與資料分析系統的成本，在同樣的情況下，可以分攤到更大的基礎上，使比例更小。

原料成本也類似如此。想想看，配備許多新的積層製造機器的工廠，從一樣的金屬粉末中可以印製出多樣化的工具、零件與裝置。這是最新的 3D 列印可以做到的一種高度靈活的製造方法。這樣一家工廠的管理者可以大量購買同種粉末以獲得大批購買的優惠。傳統的製造商需要購買較少量而分門別類的原料——某些零件用的金屬片、其他零件用的金屬板、有其他需要的棒子、竿子或細條，通常無法獲得這樣的優惠。

當然，我並非要爭論積層製造讓公司得以製造出一切物品。材料、客戶需求、行銷方式以及財務要求上的不同，仍然會讓製造商做到某些程度上的專精。例如，在不久的將來，我們預期可以見到以積層製造爲基礎的製造公司，專注於金屬製造，或是專精於販售給企業的重工業設備，其他的積層製造公司可能會專注於塑膠製消費品。因此，製造商會持續選擇縮限他們製造的產品，而專注在可以行銷與販售給一群相當一致的客戶的關聯性產品。

即便如此，可以製造一系列廣大範圍產品的工廠，比傳統範圍受限的工廠更能有效營運，必然會導致廣爲強化的經濟前景，以及更好的利潤。

請注意，這些利益都與工業 4.0 所許諾的相當不同；它們是未來製造業的替代性願景，而且更具有轉變的力量。爲傳統工廠配備機器人、雷射和其他形式的新裝備（如同工業 4.0 所描述的那樣）以增加動能，確實可以帶來生產速度、減少廢棄物以及其他效益上的進步，也可以使一間工廠更具彈性，但是它無法做到積層製造可以促成的擴展範圍，也無法達成自然出現的範圍經濟。

積層製造可以達成的其他形式範圍經濟還包括：

視需求調整生產速度的能力。具有彈性的積層製造工廠，可以比傳統製造工廠更快、更容易從一項產品轉換到另一項。這代表當市場對一項產品的需求降低、對另一項產品的需求提高時，公司可以迅速變換裝備。而如果一家公司發現自己手上出現了一項成功產品，它可以快速改換一系列的工廠，以大量生產熱門商品，從而避免了由於無法滿足需求而不能獲取最大資本價值的問題。

視需求調整地理範圍的能力。生產大範圍產品的積層製造工廠幾乎可以設置在世界上任何一處。它們可以在大小上有所不同，可以位於靠近客戶之處，可以移動到靠近材料來源之處，可以擴張，可以比傳統廠房更容易縮減。因此，移動生產點的地理位置更為容易。當想要改變供應鏈時，例如，當交通成本、稅金、關稅為保護國家或貿易集團而上漲，又或是當天災切斷另一地區的基本原料供應時，公司可以做出快速且不貴的調整。其結果就是，公司的生產水準與效率可以穩定並達到最大化，而供應鏈比起以往，更加受到聰明的管理上的選擇所影響，而不是受實際的限制所迫，因而使廣大擴展的範圍更容易達成。

可以取得更大範圍的資訊。擴展的範圍讓公司在不同產業之中占有立足之地，也就是有能力向不同產業的設計師、工程師、科技專家與行銷人員學習。隨著積層製造公司在各種產業之中發展出專業，好的構想就會更加快速地普及，加速創新的步調。

價值鏈中的供應商、零售商與其他身分提供的優惠待遇。寶鹼（Procter & Gamble）以及高露潔－棕欖（Colgate-Palmolive）等公司，因爲製造各式各樣的消費品，都享有超級市場的最優惠待遇。相同地，當某家公司使用積層製造所提供的擴展範圍來擴大所提供的產品內容，這家公司將逐漸成爲消費者的一站式服務商店，也將在與材料供應商、服務提供者、零售商、經銷商等其他公司共存的價值鏈中，逐漸提高地位。

在更廣大的市場基礎上達到龐大的成本節約。每一個組織都有無法歸於單一產品的重要成本，如幕後支出、倉儲與運輸設備、行政開銷等。享有積層製造所帶來的擴展範圍優勢的公司，將可以吸取更寬廣、更深化、爲數更多的營收來源，以負擔這些成本，而全面提高淨利率。

改善範圍，在當前與新興市場中快速而輕易地創新。積層製造製程的靈活度，意謂著公司可以比以往更加頻繁地更改產品的設計。傳統上的產品設計、原型、測試與製造的階段必須歷經數月或數年，而由於數位系統提升了每一個步驟的效率，如今已經減少到幾週或甚至幾天。因此，當新的產品想法出現或是客戶的喜好改變時，使用積層製造的公司可以快速地回應，化邊界於無形。這個更廣大的範圍的創新包括以下幾項：

發現與塡補產品之間空白地帶的機會。歷史上，公司成長的最大資源之一，一直都是發現並且塡補虛空的市場利基。例如，一家公司可以設計與生產出比 A 顧客想要的產品稍大、更複雜、具高度功能性的東西，以及比 C 顧客想要的產品更小、更簡單、更容易使用的東西。這結果可能是成爲一個對 B 顧客來說臻至完美的產品，而這位顧客是廠商從來沒有認知或是重視過的一個人。積層製造促成的無與倫比的速度與靈活性，將使公司比以往更有創意、更積極地去實驗留白市場的產品。

以更豐富的產品選項占領紅海市場的機會。享有積層製造帶來的擴展範圍優勢的公司，將可以更多樣性地生產更多商品，更加滿足既有客戶的需求。這些公司會生產出可以更加頻繁使用的不同產品，在不同場合、不同環境下，符合不同客戶的用途。這種類型的創意會帶來賣出更多產品給特定客戶的能力，因此而使針對市場區隔而花費在行銷、銷售與廣告的每一分錢的影響極大化。

發現與認領未開發、未曾想像過的藍海市場的機會。從微米與奈米尺寸的醫療與科學儀器，到人工珊瑚礁與 3D 列印的人體器官，積層製造使各種全新產品的設計與製造成爲可能。我們無法預測在接下來 10 年內，積層製造公司將會創造的各種新市場樣貌，但是很可能有一些將會有助於孕育未來產業的巨大成長，占領至今無人能夠定義出來的藍海市場。

有能力符合特定客戶幾乎所有的需求，因而簡化他們的購買選擇、減少他們的成本，成爲對他們來說更加重要的存在。營運得最好的積層製造公司，將會善用更爲拓展的觸角，來生產符合持續在成長的公司所需要的商品。例如，B2B 的供應商可能會發現他們可以從製造特定客戶使用零件的 20% 提升到 35%，再到 50% 與更多。這將產生正面影響，因爲客戶將會發現，比起與一群小型供應商合作，與單一一個大型供應商合作更爲容易，協調採購、輸送、付款以及其他程序的事情也更加方便。

以上只是積層製造創造範圍經濟的許多種方式的少數例子。未來幾年，積層製造的擴展範圍將爲具前瞻性的製造商帶來的巨大優勢，是屈居其後的對手無法企及的。

下一個邊境：整合經濟

如前所述，積層製造透過其所提供的前所未有的靈活度，爲製造業廠商帶來擴展範圍的可能性。在這個新世界，裝配相同機器設備的工廠，只要下載新的設計檔案到列印機，就可以用來生產跑車、除草機、休旅車、高爾夫球車以及火車車廂的零件。對於要生產什麼、在哪裡生產、供給什麼樣的市場，廠商將會有廣泛的新選項。

有些廠商將會選擇安排一個可以包羅一組特定科技選項的新策略。例如，建立金屬 3D 列印科技的產業帝國是有可能的。對於任何想要配置靈活的數位科技，以打造廣泛多樣的金屬製產品的小公司來說，這樣的廠商會是他們的「必找企業」。同樣地，其他公司會選擇專精於塑膠、陶瓷、水泥、生物墨水或其他材料的積層製造，因此而劃分出橫跨產業的專精領域，開啓可以長期成長的廣大範圍。

3D 列印以及其他的積層製造新科技將會逐漸與新興科技的全部範疇相結合，而產出更優秀的性能。以電子方式連結與協調全球各地多家工廠營運的能力，將具有以往的綜合企業只能夢想的靈活度、速度與敏捷度，創造出擁有多種產品、多種市場的製造業帝國。

這種新的靈活度將會帶來最強而有力的範圍經濟，及我們稱之爲整合經濟的一系列優點，這些優點是泛工業最終興起的敲門磚。

整合經濟是範圍經濟中一種特殊的類型。當組織能夠以極大的效率管理錯綜複雜的一組互相關聯、彼此扶持的業務時，便會形成整合經濟。我們可以辨認出整合經濟的幾種類別。以下列出最重要的三項：

產品整合。這可以透過在設計過程中合併零件而產生，使產品得以簡化，無須組裝並減少對人類勞力的需求。它也可以透過將兩種或更多產品合併成爲一種而形成，而更容易透過單次購買符合多種客戶需求。積層製造在許多案例中已經首次做到整合經濟，即一個複雜的機器零件以單一製程的 3D 列印來製作，而不需要從好幾個分別製造的部件組裝而成。

生產階段整合。結合兩個或更多的生產階段，因此簡化製程，減少對特殊工具、組裝線以及其他設施的需求，並且減少對外部供應商的依賴。當生產階段整合完成時，單一系列的積層製造機器將可以進行整個生產程序，以一道持續的過程從原材料開始，產出零件、局部裝配，最終完成產品。

功能整合。合併在公司內部習慣上分開的製程。例如，Local Motors 用來產生與開發新車款概念的共同創作系統，將研發、設計與市場測試合併爲單一一項活動。同樣地，當企業客戶可以使用位於他們自己廠房的 3D 列印機，快速製造外部供應商設計的部件與工具時，製造與進貨物流就已瓦解成爲單一、整合的功能。

你可能對於以往「垂直整合」公司的整合經濟感到熟悉。這樣的公司曾經從與特定產品、服務或市場相關的整條價值鏈中受益。例如，早期汽車製造商曾經擁有與管理汽車產業價值鏈上的每一個階段，從挖掘原材料與鍛鋼，到製造汽車零件、組裝汽車以及在公司持有的經銷商銷售。

在 20 世紀時，幾乎所有垂直整合的企業都消失了。主要原因在於，儘管擁有整合的優勢，他們仍遭受各種經濟弊病所害。其中兩個重大問題是**代理成本**與**官僚成本**。

對同公司其他部門提供商品或服務的管理者變得自滿，或因爲無法承受開放市場中的競爭壓力而管理不力時，代理成本便會提高，導致生產出品質較差或價格較高的商品。

官僚成本存在於每一個組織當中，純粹因爲計畫、組織、管理以及監督業務需要時間、精力、物質與人事上的資源。在垂直整合的公司裡，管理公司行動的複雜度特別高，導致官僚成本相當高昂。

高昂的代理成本與官僚成本的結合，對收益有向下拉扯的力量。考量到這些問題，主管們逐漸了解，將舊有的整合帝國打散成為不同公司，只透過市場的互動來協調彼此的業務將更有效益。其所帶來的結果是，以汽車製造商為例，變得依賴原物料與零件，甚至是設計、組裝、行銷以及他們曾經放在內部控管的銷售等業務的供應商網絡。這是策略上的合理變化，反映出既有的資訊管理、通訊、計畫以及協調方面的官僚系統都過於緩慢且功能受限。於是在當時不可能有效地營運一家巨大的、垂直整合的企業。

託積層製造的福，這件事已經有所轉變。例如整合生產階段的經濟利益已經開始透過**混合式產製系統**而興起。這些系統使先進的積層製造技術配合其他科技，例如機器人工學、電子感應器，以及可以利用機器學習與人工智慧持續改善營運的強大軟體系統。

其中一個例子便是〈前言〉描述過的 Cosyflex 系統。它從結合原料開始，生產紡織品（而不需要工人區分、選擇、購買、發貨、倉儲以及依需求運送紡織品到生產廠房），然後以層疊的方式製造紙尿褲的構成部件，再將零部件組裝成衣料完成品。過程中，它使用自動化的感應器以及機器手臂，以精準定位、操作和壓摺由 3D 列印機生產出來的衣料。

另一個例子是由一間位於麻州的 3D 列印機公司風雷（Formlabs），於 2017 年採用的自動化生產系統 Form Cell。Form Cell 包含一系列可以攀爬、彼此堆疊於架上的 Form 2

SLA 3D 列印機、一個工業用機器起重機系統，還包括可自動化列印後步驟的 Form Wash 和 Form Cure 設備。智慧軟體處理列印工作進度、偵查錯誤、遙控監看，並列印件號和序號。整個生產系統由電腦軟體協調，生產工作只需很少或甚至不需要監督，體現該公司自稱的「熄燈的全天候數位工廠」。

Form Cell 整合零件或產品的 3D 列印與後製程步驟，再將成果放置於輸送帶，送到組裝線或到不同的 3D 列印機加工（如圖 2-1 所示）。

圖 2-1　風雷的 Form Cell 是一個自動化的 3D 列印生產系統，由一系列 Form 2 SLA 3D 列印機驅動。這個封閉、完全自動化的系統使用機器手臂與智慧軟體處理列印、後製與零件取放。照片由風雷提供。

現今，經過設計與測試的混合式產製系統，將會透過許多種方式使用。在某些工廠裡，3D 列印機與其他積層製造機器將會經過協調，以生產多部件產品。在其他工廠裡，積層製造機器將會與傳統機器連結，或是整合進入傳統組裝線，透過自動化機械裝置，將產品從一處轉移至另一處。

混合式產製系統將會逐漸變得更加精密，而且可以建造大型、複雜的物品，甚至在系統中以單一程序合併多種材料，如金屬、塑膠、陶瓷、布料等。隨著人工智慧與機器學習獲得改善，並整合進入控制機械設備的軟體系統，達成的結果將會是極其強大、靈活，可以確實**從經驗中學習**的製造系統。隨著聰明的機器逐漸取代可能緩慢、無效率、缺乏積極性的人類，代理成本與官僚成本都將大為減少。

敏銳的積層製造科技發展觀察家彼得．齊林斯基（Peter Zelinski），詳述了積層製造與人工智慧之間逐漸增加的相乘效果的影響。他提到：「積層製造先天上比傳統製造更為複雜，牽涉到更多會影響我們尚未認知更稱不上精通的型態與性能的變數與變數的組合。」歷史上，一項新科技有如此的複雜度，就代表這項新科技的學習過程會長久而緩慢。然而我們生活在新的時代，「機器學習促成積層製造進展的速度……輸出與輸入之間的十億種關係可以透過電腦運算快速探索，而同樣的探索，哪怕只是一小部分，卻需要人類以自我之力花上一個世紀才能做到」。好在有積層製造和人工智慧的結合，齊林斯基寫道：「會改變的只有發現的速度，但是這改變將會有深遠的影響，而且我們甚至將看到它加速發生。」

在未來幾年，由於這些新的製造科技，有效的功能整合力量將會快速擴展。一連串額外的商業功能，將會一個接一個，與製造業緊密整合。在積層製造已臻完善的新世界裡，將有可能隨著具有比以往更高效率的價值鏈，進行組織、管理以及協調業務。企業將會發現擁有與營運一整個商業生態系統的新優勢，而這個策略對不成熟的市場以及新興經濟體特別具有價值。因此，在撒哈拉沙漠以南的非洲地區，引進像是電動汽車等新產品的企業，可能會選擇使用新的製造、資訊管理以及通訊方面的科技，來創造與經營一整個與商業相關的網絡——從打造與行銷汽車，到提供便利的充電站、維修車輛以及經營車輛共乘與叫車服務，一切全包。

整合經濟將會為積層製造所促成的範圍經濟增加強大的新維度。在不久的將來，愈來愈多的製造業廠商將不只可以在任何地方製造（幾乎）一切物品，還可以在任何地方做（幾乎）一切事情。他們將不只生產貨品，還行銷、販售運送、維修，並且提供相關的支援服務，為提供給客戶的內容增加難以估計的價值。

非常出色，是的。但這是如今橫掃世界的積層製造與相關科技所帶來的改變之下，正常而且長期的結果。這是積層製造以及無可避免會興起的泛工業所帶領我們前往的方向。

Chapter 3
無邊界規模：製造更快更便宜的商品

我們已解釋過，積層製造，尤其是與其他新科技的結合，正處於創造新的範圍經濟的關口。然而，新的製造科技在規模上的突破性進展，可能會帶來更驚人的表現。

大量的產品使生產的邊際成本下降時，便會形成規模經濟。當總成本同樣價值 1 億美金的組裝線用來生產 10 萬輛汽車而非 1 萬輛時，所有生產設備的成本就分攤到更大量的汽車上，這便是典型的規模經濟。另一個例子是，由於大宗客戶可能有資格獲得特殊的優惠價格，他們在購買更大量的原料時，成本通常會更為下降。還有另一個較不易察覺的例子是，規模經濟可能與運輸成本有關，因為生產大量商品可以讓貨車常保滿載，而不是才半滿就出發運送。效率改善之後，同樣重量的產品運費也因此較為低廉。

規模經濟對於傳統製造業的財務有巨大影響力，這也是 19 到 20 世紀間，服務於國內與全球市場的企業龍頭處於支配地位的原因。當涉及到傳統製造業時，更多幾乎就等於更便宜，更便宜則代表更多的利潤。

對積層製造來說也是如此嗎？答案並不清楚。尤其是因為傳統上，規模經濟與範圍經濟通常處於緊張情勢。從過往的發展來看，追求規模經濟的廠商通常必須犧牲範圍經濟，這相當合理，因爲大量生產商品的大部分利益，只在生產相同或近似的東西時才會產生。這也是爲什麼亨利·福特過去常告訴客戶考慮購買福特 T 型車：「你可以將它漆成任何顏色，只要它是黑的就行。」爲了符合個別客戶的偏好而行銷汽車，會減慢福特的組裝線，有損規模利益。

當然，生產方法會隨著時間日趨成熟，適度的客製化會變得相對簡單與能夠負擔。新的汽車買家如今已經有多種顏色與其他選項可以選擇。但是規模經濟與範圍經濟之間的拉鋸仍然如昔，傳統製造業只在受限規模下最有效率。而由於積層製造促成了一連串獨特的範圍經濟，我們似乎可以得出使用積層製造無法達到規模經濟的結論。但是，實情眞是如此嗎？

對積層製造與規模經濟的守舊想法

守舊想法認爲，使用積層製造沒有規模經濟可言。依據這個論點，第一批列印出來的貨物成本與第一千批列印出來的貨物成本是相同的。但事實是，在使用積層製造時，就已經開始出現某種規模經濟了。例如，不論使用什麼樣的生產方式，當貨車滿載而非半滿時，運輸成本都會較爲低廉。

確實，當使用積層製造時，大規模生產的經濟效益會比較不顯著。例如，比起在大多數傳統工廠中見到的機器，3D 列印機相對便宜（到了 2018 年春季，許多工業用 3D 列印機價格介於 15 萬至 50 萬美金之間，而傳統製造系統中的機器一般高達百萬美金以上）。由於積層製造的資本成本比傳統製造業要低得多，在大量生產基礎下分攤的生產設備成本對企業經濟面的影響力更小。規模經濟仍然存在，但其價值較為低調。

規模經濟在積層製造中的地位較不重要，這是某些人對積層製造的未來抱持懷疑的原動力。他們的思維通常是：「規模經濟在傳統大量生產的可負擔性與利潤上有舉足輕重的地位，而積層製造卻缺乏規模經濟。因此，使用積層製造來大量生產，將負擔不了且無法獲利。」

於是，頗受尊崇的牛津大學經營管理學系教授馬蒂亞斯·霍爾維格（Matthias Holweg），在 2015 年的一篇文章中，承認積層製造在客製化商品方面所享有的成本優勢，並評論道：「然而，我們也知道所有零件製品的 99% 都是標準化零件，無須客製。在這些案例中，3D 列印必須與規模導向的製程以及相當有效率的物流營運競爭。」霍爾維格於是如此定論：「和某些人的說法不同，3D 列印將**不會**革新製造業並淘汰傳統工廠。事實上，3D 列印的現在以及可預見未來的經濟面，都使它不會成為生產大量主要零件製品的可行方法。」

就某個方面來看，像霍爾維格這樣的懷疑論者所提出的反對意見，有些曾經是正確的。有別於許多傳統的製造方法，3D 列印最初的系統的確是一次製作一個物品。這使得積層製造法在速度與成本上，都比不上傳統製造法。而且，積層製造一次只能做一件，代表每件生產出的物品與其他任何一件的成本都相同；大規模製造卻因爲生產量高，單位成本得以大幅減少。

實際上，懷疑論者相信，**傳統製造法**與**積層製造法**的比較成本效益，如圖 3-1 所示。

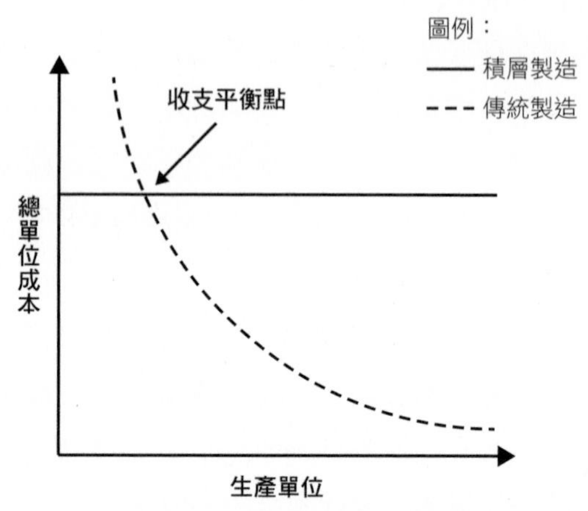

圖3-1　積層製造法的守舊觀念認為，在積層製造之下，沒有規模經濟。在這樣的看法中，享有規模經濟的傳統製造，在相對較低的收支平衡點上，比積層製造法更有效率。但是，積層製造取得的進展，代表這樣的看法不再正確。

基於積層製造缺少規模經濟這樣的看法，懷疑論者通常會宣稱積層製造法只能永遠保有對商業世界影響力有限的利基科技。雖然仍有少數人抱持著這種看法，但是正在改變中的決定性事實，讓大部分的懷疑論者節節敗退。

對積層製造與規模經濟的嶄新想法

今天，積層製造以許多方法獲得規模經濟，卻不需要犧牲範圍經濟。我們可以看到以積層製造大量生產標準化產品。積層製造也不再受限於產品原型、一次性客製化或是少量製作的專業化產品，而是接管了長久以來支配產業經濟的大量製造。

這是耗時許久才達到的成果。任何一個複雜的科技，其發展與得到採用的過程都不是直上青天，而是融合了逆境、困境與驚人的突破。

有幾項新的積層製造科技正在促成大量生產，如塑膠多射流熔融、金屬單通道噴射、電子氣溶膠噴射、玻璃光學列印、數位電子螢幕噴墨列印以及牙齒矯正器光固化成形術。諸如此類的新工具，正穩定提升積層製造的速度以及降低單位成本。

新型積層製造裝置，其建構室、樹脂槽或粉末床尺寸的增大，是改善生產速度與減少成本的重要原因。建構區域愈大，在特定時間內可以做出更多同一產品的複製品。其他原因還包括可以更快、更精準地沉積與聚化一層層的材料。

另一個大規模積層製造的突破性進展，是改善生產品質。例如，早期的 3D 列印經常使用的層疊製程，會在產品表面上留下條紋。去除這些瑕疵通常需要以機器磨平、拋光表面，或是需要以耗時耗力的人力來手工後製。由於有更好的列印製程、自動化後製系統以及用於監看與管理產品品質的數位科技，這些問題大多已經得到了解決。因此，積層製造有更好的收益率，更能大量生產。

另一項突破則是我在第二章描述過的混合式產製系統的發展、普及以及增長。這樣的系統正處在傳統製造業享有的大量生產效益的關口。

例如，有愈來愈多的廠商正在開發精密的機器人系統，要用來「照料」3D 列印機農場。它們收集列印機上的成品、放置到架上乾燥或是依需求最後完工，以及插入新的「建構板」到列印機中開始新物品的製程。單一隻機器手臂，經過聰明編成，可以持續不倦地照料一群列印機，以幾近完美的準確度處理枯燥但卻必要的工作，讓 3D 列印設備不停運轉。

布魯克林的 Voodoo Manufacturing 公司產品長喬納森・施瓦茨（Jonathan Schwatz），描述過以此型態的系統所進行過的一項實驗（如下頁圖 3-2 所示）。這個系統主要是一隻機器手臂照料 9 台 3D 列印機，並以一條輸送帶運送完成品：

> 初次見到它完全運轉時很令人吃驚。我們讓它整夜無人監管地運轉，到了早上，它已連續 14 個小時生產出零件。我們感到很雀躍，想要大規模部署，將我們的工廠產能提升到將近 400%……這就是我們爲什麼要將公司的規模從現在的 160 台列印機擴增到將來的 1 萬台。

我在第二章描述過的 Form Cell 系統是產製系統的另一個例子。Form Cell 系統與 Voodoo 系統不同，在可自動化管理的生產步驟中加入後製程序。然而，值得注意的是，Voodoo 與

圖 3-2 Voodoo Manufacturing 的「天行者計畫」使用一隻機器手臂、機架上的 3D 列印機以及自動化的「給料器」，依需求為列印機送上新工作。這個小規模混合式產製系統，替積層製造帶來前所未有的速度與效率。照片由 Voodoo Manufacturing 提供。

Form Cell 系統都能讓製造商僅僅只靠增加列印機的台數，提高生產速度與數量。像這樣的突破性進展，其結果是積層製造的營運可以開始不只以十倍、百倍，而是以千倍、萬倍，最終達到百萬倍地製造出產品。這代表墊基於顯著減少單位成本的傳統規模經濟已然出現，使得積層製造的大規模市場首次出現了可能性。

積層製造如何促成關聯性功能的規模經濟

你已經了解最新的積層製造科技，如何讓公司透過更有效率的大量生產而獲得規模經濟。同樣使人印象深刻的，是積層製造促成**跨關聯性商業功能**的成本節約。這些經濟效益著重在**不屬於**製程部分的業務，但仍與企業的總成本高度相關。以下有一些在商業過程中，受益於積層製造的改良，間接導致成本降低的例子：

出貨物流與經銷。積層製造廠房比容納冗長裝配線的巨大工廠，要來得更小與更有彈性。因此，與其建造巨大的工廠爲整個美洲大陸生產貨物，不如創造一系列小型、當地化的生產廠房。如果產量好到足夠建造許多的積層製造工廠，便可以將這些廠房安置在離客戶較近的地方。如此不但可以降低運送成本、成品庫存持有成本以及對大型倉儲的需求，也可以縮短交貨時間。每一項改變都會減少支出，增加利潤。

採購成本。當廠商生產更多同一產品的複製品時，需要購買更多原料，這通常會使廠商獲得較低的大量採購價。除此之外，當廠商使用更多相同原料生產同一產品的複製品時，較早的列印工作中就會剩下更多未使用的材料。這些材料可以被重複使用，再次減少之後列印製品的單位成本。這代表大量採購材料時可以享有的成本節約，在積層製造中已經可以做到。這一點在 Carbon 於 2017 年宣布的「生產規模材料計畫」中充分展現。Carbon 預定接下來幾年要將樹脂成本減少超過 50%。

行銷、販售與經銷成本。當廠商生產更多單項產品時，每單位的廣告成本、品牌經營、推廣、上架通路以及其他販售與行銷的支出就會降低，其所形成的實際效應就是規模經濟。

間接成本。隨著列印製品的產量提高，每單位間接分攤的成本便會減少。例如，資訊設備、軟體、人力資源管理、總部運作、稅金、保險、利息支付以及租金上的成本，都隨著更多單位而分攤出去。

整體來看，這些間接規模經濟讓最新的積層製造系統所享有的成本優勢，是速度較慢、產量較少的 3D 列印機所無法匹敵的。

如霍爾維格之流的懷疑論人士不承認這些間接規模經濟的存在，這是存在於積層製造規模上的守舊分析中的另一個大問題。例如在 2015 年時，我有機會與霍爾維格進行討論，而在這份討論報告中，他忽視了積層製造促成的相關經濟利益，例如減少庫存持有成本、使用大量粉末而得到的原料優惠，以及減少的運輸成本。

在這樣的觀點裡，霍爾維格的報告正代表了典型的「工程師盲點」。他繁瑣地計較積層製造法直接、明顯、易於計量的成本，而忽略了間接、隱約且通常難以計量的重要成本。

而且，他在邏輯上犯了一個錯誤。他選擇了一項並非設計來大量生產的老舊積層製造科技（選擇性雷射熔融），因此找不到大量生產可降低成本的證據。

經驗告訴我們，當科技被大幅限制在低量 3D 列印法時，與積層製造相關的規模經濟便不會產生。圖 3-1 對每單位成本積層製造的傳統看法，必須被置換成新的、更準確的圖像——積層製造成本呈曲線以顯示較低成本與較高數量。圖 3-3 顯示，雖然與傳統製造業的規模經濟不同，但是積層製造確實享有自身的規模經濟。

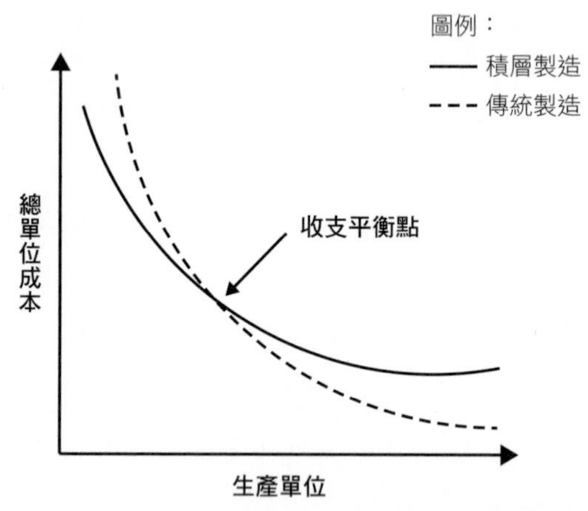

圖3-3　對於積層製造效率的修正看法，反映出與積層製造相關的經濟規模。這些經濟規模透過使用積層製造法，隨著生產單位增加而降低生產貨品的成本。因而，曲線代表積層製造每單位成本（取代圖3-1的假想直線）。目前（2018年中），在許多產業中仍然有傳統製造法比積層製造法更具成本效益的相對較低的收支平衡點。

較包容、著眼大局的分析，顯現了這個已經展露的事實。規模與範圍如今不再劍拔弩張，而可以合併。這是製造業者的巨大勝利，傳統製造業所需要的昂貴取捨如今已不再必要。

積層製造中非規模經濟導向的成本節約

積層製造成本的其他大型轉變，有助於解釋爲何積層製造正快速成爲傳統製造的替代方案。生產專家逐漸了解積層製造可以提供非規模上的優勢：所有 3D 列印的成本都會降低。

如在 2015 年一篇關於目前與近期 3D 列印前景的報告中，顧問研究公司科爾尼（A.T. Kearney）評論說：「傳統製造業在可見的將來，將擁有大規模生產環境下的成本優勢。」換句話說，儘管 2015 年時，3D 列印在少量產品的製造上，就已經比傳統減法製造有更好的成本效益，而且在某些量多的案例中還更爲便宜，傳統製造法在大多數案例中卻總是勝出。這份報告總結道，3D 列印還需要 5 到 7 年，才能與傳統製造法在量多的應用上相抗衡。科爾尼無異於強化了當時的守舊看法。

然而，同樣一份報告也列出了一連串 3D 列印科技可預期的進步，還有這些進步可能帶來的成本影響。這些進步包括：原料價格減少 35%（這將會改善積層製造的收支平衡）、準備時間減少到幾近於零（在總成本上多出 5% 的進步），以及材料應用率的提升——此即 3D 列印機可以儲備材料的速度（在任何輸入的量上，生產速度能達到 82% 的進步）。科爾尼預測這些進步將會大幅減少成本，使損益平衡點快速提升。也就是說，以相當於或少於傳統製造每單位成本可以進行 3D 列印的最大單位量，會快速提升。

回頭檢視這份報告，我們發現其中所有預測的進步都已經在報告出爐的 3 年內實現。同時，非規模經濟導向的成本節約也在迅速發生，包括減少生產中的廢棄物、因更有效率的設計而減少材料使用，以及透過合併零件而減少組裝，這些全都減少了單位成本，不論是印製 10 份或是 1 萬份相同的產品全都一樣。

這種經濟潮流的影響如圖 3-4 所示。圖中顯示積層製造成本曲線在座標中的降低，使收支平衡點更往右移。

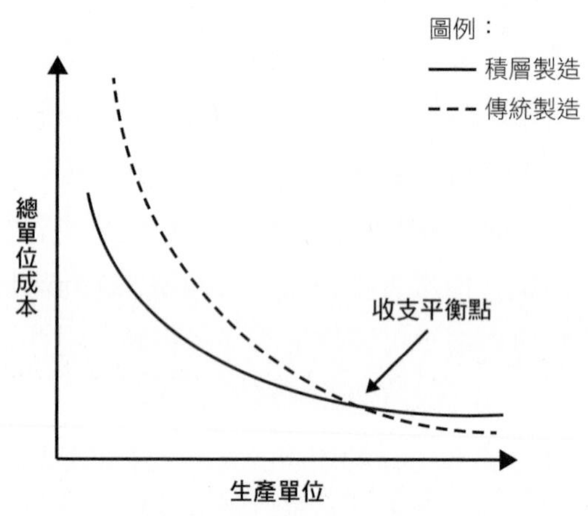

圖3-4　不久後，隨著與積層製造法相關的經濟規模提升，使用積層製造法生產貨物的成本也會持續下降，促使傳統製造業的收支平衡點更往右移。因此，在愈來愈多的產業中，積層製造即使在大量生產上也將很快會比傳統製造法更有效益。

事實比科爾尼預測的 5 到 7 年來得快上許多。雖然結果因產業別而有不同，但是積層製造已追趕上傳統製造的經濟情勢，比專家預測的速度更快。隨著積層製造科技的持續進展，將會出現更往右移的收支平衡點，讓積層製造方法接管愈來愈多的製造產業。

無邊界規模的其他優勢

當企業利用積層製造已展露的規模經濟時，將會成長到足以與傳統製造廠商的公司規模相抗衡，也就更能獲得規模經濟所帶來的經濟利益。

正如我所提過的，在以規模為基礎的利益中，其中一項驅動的元素便是從價值鏈中的供應商、經銷商、行銷人員以及其他參與者取得優惠待遇。大公司總是享有與夥伴公司談判交易的優勢，這同樣也適用於積層製造的新興巨擘。

另一個好處是，大型公司享有更好的財務穩定性。比起小公司，這樣的企業會有較低的破產或欠債風險，因此也享有較低的資金成本，得以花費較少便能輕易進行擴張、現代化以及成長到甚至大過於對手。

還有另一項好處是，大公司天生享有的強大政治影響力與權力，使其可以在像是稅收與反壟斷法的議題上幫助政府打造法規與政策，同時還能有利於自己。

也許在規模上，最重要的好處是學習曲線——公司隨著經驗擴展而獲得新的知識與方法上的創新。擁有更豐富經驗與更深度市場曝光的較大型公司自然有機會學習更多，而他們學得愈多，就愈能改善自己的經營方法。積層製造案例的學習曲線特別具有戲劇性，因為它是仍在起步階段、具有革命性的新科技。對於如何管理積層製造的營運上，已經出現許多知識，導致戲劇性的突破性進展已經產生，而且可能會持續好幾年。我們在其他例如太陽能、奈米科技以及電池的新興科技上，也見過類似的現象。

其中最令人興奮的，莫過於在不久的將來，積層製造的進展所帶來的學習曲線的利益，有可能藉由例如機器學習、人工智慧與數位網路而大為強化。在過渡到積層製造的過程中，不只有人類工程師與管理者會從中學習，託人工智慧的福，生產系統**本身**也將得以學習而改善其操作。

因為這種種原因，使用積層製造的公司所享有的新興規模經濟變得至關重要。當以積層製造帶動生產力的企業利用規模經濟的優勢，在競爭上勝出，他們也將開始獲得可以幫助公司成長得更快、更強大的額外好處。擴展財力與勢力的逐步、自我強化的良性循環將會開始運作。這個循環一旦開始，便很難停下。而這個成長循環的自然結果，將是泛工業的興起。製造業廠商合併了範圍經濟與規模經濟，享有巨大的企業規模、高度多元化的產品供應以及龐大的利潤。

積層製造的規模優勢

在製造業中，並非所有人都已充分掌握積層製造法的新實情。許多最快採納積層製造法的製造商都是相對較小的公司，包括許多新創公司。因而，對於積層製造規模經濟的認可上，速度緩慢。較小型的公司如今已躋身積層製造的先鋒之列，並不奇怪。歷史告訴我們，沒有冗長成功歷史的包袱、沒有大量投資傳統科技、沒有沉重保守的官僚組織的小公司，通常較容易躍升進入新商業模式之中（當然，也有一些例外，像是奇異和西門子，就讓我們看見建立良久的大公司也可以像新創公司一樣，積極追求創新）。

小型企業成爲積層製造早期充滿熱忱的採用者，代表 3D 列印機以及其他積層製造系統的製造商傾向於將其販售、行銷與宣傳著重在小公司的需求上。這也代表規模經濟——定義上只有大公司才體驗得到——在商業媒體上頗受冷落。然而，當更多大型公司如汽車製造商、家電製造商、電子產品公司等，將核心生產設施轉爲積層製造時，媒體對於積層製造所可能帶來的規模經濟的報導，自然就會增加。

科技專業人員的思考風氣，也減緩了對於積層製造法尙在成長中的優勢的認可。製造業工程師是工廠所使用的科技的守門員，他們大多具備高度技能，而且在對直接生產成本的確切計算上經驗老到。他們可以精確判定，以積層製造法生產某個小物品的成本，與使用傳統製造法生產同樣物品的成本，孰優孰劣。然而，他們的訓練或是專業背景，都沒能讓他們在關於另類生產方式的好處與成本上有更寬闊的想法。也就是說，他們習慣在積層製造法上抱持鴕鳥心態。

結果，在積層製造與其他製造業的創新上，出現了分歧的反應。對於現狀感到滿意的管理者的公司，在採納新的方式上步調緩慢。某些公司已經在研發實驗室裡安裝了 3D 列印機，來製作原型與小尺寸的模型，卻仍然拒絕將其運用在更有抱負的實驗上。而具有創新精神、敢於冒險、更能跳脫框架思考的公司，一直帶頭衝鋒陷陣，開發積層製造的新用途。因此，他們不只享有積層製造當前優勢帶來的好處，也在新的應用上成爲前鋒，以此加深了位於他們與其他更守舊的產業對手之間原本已顯寬廣的鴻溝。

長期而言，幾乎每家製造業公司都將必須逐漸接受目前科技改革可能帶來的影響。但是短期來看，將會有一些大的贏家與大的輸家。

打破範圍經濟與規模經濟之間的取捨

由於積層製造已普及到愈來愈多的大規模生產應用上，規模經濟在這項科技中變得愈來愈重要。大規模積層製造的許多明顯區別的模式便隨之而生。要了解這些模式，需要先了解積層製造是如何以及在哪些地方優於傳統的生產技術。積層製造提供了六種優勢，其所包含的廣度可以看成是從獨特客製化的產品到標準化的商品之間。以下所描述的前三項模式，發揮了積層製造在產品改變上的優越性；第四與第五項，充分利用了它在複雜度上的長處；而第六項，則是善用了積層製造在某些優越性能上的優勢。這些模式都適用於 B2B 與 B2C。有些模式在實踐上執行得較多，但是全都顯示出積層製造所涵蓋的可能性之廣。

值得注意的是，此廣度的存在，代表積層製造促成的顯著突破性進展。規模經濟與範圍經濟已不再是廠商被迫從中選擇的對立面。

以前往往認為，要享有規模經濟，就需要具有高度轉換成本的複雜又專精的設備，但這使得範圍經濟變得不可能；另一方面，要享有範圍經濟，就需要一個工作現場，雇用具有高技能的工人使用一般工具，來製作許多少量而不同的品項，但這卻使得規模經濟成為不可能。

積層製造屏除了如此的取捨。在積層製造的世界中，製造業者可以微調他們選擇追求的規模與經濟的合併體。因此，他們可以依比例善用規模經濟和範圍經濟，為特定客戶和市場需求進行校準。

以下是大規模積層製造的六項新興模式。

大量客製化

積層製造科技可以對產品進行細微的調整，包括使用傳統減法方式不可能做到或因太過昂貴而難以做到的修改。這也是爲什麼助聽器製造業者會轉換成積層製造法來生產貼合耳朵的外殼，也是爲什麼在客戶的個人化極爲重要的其他產業中，採用 3D 列印的情形會日漸增加。這種大規模客製化的方式，在客戶對標準化產品不滿，以及難以收集個別需求或偏好資訊的任何規模市場中，都能發揮效用。這些產品不一定要和不需要客製化的產品一樣便宜，但是積層製造會將產品帶到更多客戶面前。主要的挑戰在於，開發出快速、簡單、負擔得起的系統來收集個別客戶的資訊。例如，用來爲助聽器分析耳形變化的雷射測量技術。

大量多樣化

在無須爲客戶將每一個單位產品都個人化的案例中，廠商在生產產品上，可以有大量不同風格的變化，因此增加了讓幾乎每一位買家都可以找到自己喜歡風格的機會。大量多樣化的製造業者，仍然可以依據特殊訂單生產品項，但是他們將不需要收集客戶的個人資訊。

例如珠寶商可以使用積層製造爲基本樣式做出許多變化，以吸引許多不同的客戶。以傳統單鑽訂婚戒指爲例，就會有數百種各有變化的版本。事實上，珠寶商已經在使用這個策略。他們運用積層製造的靈活性，使用塑膠以及類似材料來生產戒指、手鏈、耳環和其他品項的款式。這些款式可以作爲供客戶選擇的樣本，而且因爲這些樣本比使用眞金、銀或白金做成的樣本更輕、更便宜，所以也容易運輸，不會吸引有心偷盜者。

和大量客製化相同，大量多樣化爲製造業者提供了一個勝過傳統製造業者與高成本手工生產者的方式。大量多樣化比後者提供了種類更多的商品，價格也更低。

大量區隔化

這個模式所追求的，是在大量多樣化中仍受限制的偏好。傳統製造業者做出標準化產品以追求規模經濟，而許多客戶必須妥協，接受這些品項或付出代價做些調整。有了積層製造，製造業者可以輕易提供大量選項以符合不同的客戶區隔。善用積層製造的能力，可以比傳統製造業者更有效率地進行小批量的運轉。一個產品版本可以少量製作，然後立即切換成稍微不同的版本，全都在可負擔的價格內。即使是在積層製造中，批量生產仍然比大量客製化與大量多樣化所需要的個別生產來得便宜。所以只要大量區隔化能提供足夠的變化以滿足衆多客戶，就能贏過大量多樣化。

大量區隔化對於流行消費產業，或是季節性、循環性或短期時尚市場的製造業者來說，是很好的一個模式，他們可以依據消費者的欲求快速調整產品；然而，傳統製造業者卻必須對未來幾個月內消費者想要什麼，提前下注。例如，服裝製造業者，從三星與 Alphabet（Google 母公司）到雷夫・羅倫（Ralph Lauren）與 Tamicare 等公司，都正在以積層製造進行實驗，在衣料中嵌入感應器。帶有生物識別感應器以監測體能與健康狀態的衣服，依消費者的反應，可能很快就會廣泛提供。

批量生產可能不會帶來積層製造的規模經濟，但是它更大的價值在於可以生產較少不被需求而需大打折扣售出的商品。這個模式主要的競爭優勢在於積層製造可以快速地全面改變，而不需要設備更新的成本，而且可以積極以批量生產進行實驗，評估什麼是可以大賣的產品。只要對於產品的總需求量夠大，以及對於偏好範圍的區隔可以做到批量而非個別生產，這個模式就能發揮作用。

大量模組化

這個方式在界限分明的因素中，將靈活度含括在內。保守的製造業者藉由將列印出的產品主體與許多適合內裝的可嵌入式模組合併在一起，早已獲得某種程度的靈活度。客戶可以切換模組以配置其產品。但是積層製造因爲有著更爲提升的靈活度，可以做到更好。例如，一家電子製造業者使用氣溶膠噴塗的積層製造技術，可以直接在製造的塑膠外殼上列印電子線路，使擁有特殊性能的模組，像是收音機、相機等，可以整合得更好。模組化與客製化相比，較不昂貴。在量大的市場中，客戶只想尋找更好的選擇而不是完全的個人化，所以模組化會是較好的模式。

這也是一向用來謀畫生意的一種策略。模組化手機，以及其他消費性電子裝置如今已在發展當中，吸引了一些令人感到興趣與驚異的廠商的注意。例如，2016 年 9 月，臉書透過收購使用積層製造做出可組成相機、感應器、電池和其他部件電子產品的 Nascent Objects 公司，加速其尚在成長中的硬體行業。

大量複雜化

這個模式利用積層製造獨特的品質性能。我觀察到，積層製造可以做出減法製造無法做到的複雜幾何圖形。例如，波音公司發現用在飛機上的蜂巢型支撐梁容易列印，而且比使用傳統製造法可以生產出的任何東西都更輕、更堅固。愛迪達使用 Carbon 的連續液態介面生產列印機，以原先認為不可能做到的設計，做出跑鞋的中底。類似的進展，正在使用積層製造科技的廣大產品中實現（如下頁圖 3-5 所示）。

這個模式的目標不在於追求複雜度，而是以改良的複雜設計增進產品品質，這是減法製造即使提高價格也無法做到的。這些複雜、高品質的產品通常不會吸引大眾市場，也不具可變性，所以本質上可以依大量區隔化的方式批量製造，而非大量生產。

由於新興的軟體性能，這個模式可能很快就擴展到高效能產業之外。歐特克、達梭系統（Dassault Systèmes），以及其他供應商正在開發可以做出**衍生設計**的軟體工具。衍生設計讓工程師與產品開發商得以指定想要的特性，然後讓軟體衍生出使產品性能與成本最為理想的設計。在很多案例中，這種複雜的設計成果只有積層製造法能夠生產得出來。未來幾年內，衍生設計可能成為「殺手級應用」，讓許多製造業者信服而投身於積層製造中。

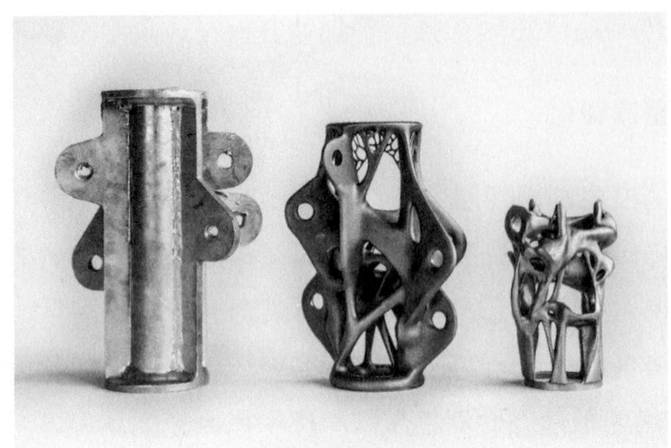

圖 3-5　用來連結戶外照明系統線路的 3 件不鏽鋼零件。左邊的零件以傳統製程設計與製造。中間的零件以電腦化工具與積層製造來生產，線路連接點大致保持在相同的位置，重量減輕 40%。右邊的零件設計較靈活，比原本的零件少了 75% 的重量。所有零件在堅固性與耐久性上都符合相似的標準。© DAVID FOTOGRAFIE。照片由 ARUP 公司提供。

大量標準化

這個模式牽涉到大眾市場中以傳統減法製造可以輕易生產出來的結構簡單的產品。我們已說明過，守舊的觀念認爲，積層製造絕對不可能與減法製造可以獲得的龐大規模經濟相匹敵。但是這個觀念已經在改變中，因爲積層製造法變得更加省錢、更有效率，也因爲製造業者了解積層製造法可以用其他方式來降低成本。例如，LG 發現有機發光二極體顯示顯示器（OLED）的傳統製造方法浪費了很多昂貴的電子化學材料，於是打造了一間先導工廠，使用由加州 Kateeva 公司開發出來的 YIELDjet 系統來生產螢幕。LG 希望使用積層製造科技來生產數萬單位的產品。而在 2018 年初，一個名為 JOLED 的聯營企業，宣布開始將噴墨列印的 OLED 顯示器出貨給一個不具名客戶，作為醫療用途的螢幕使用。產業觀察家認為，這位客戶應該是索尼。

由於積層製造法提供的間接成本優勢，包括更短的供應鏈、更少的交通成本、更低的庫存持有成本以及更小的工廠腹地等，隨著時間，積層製造法在標準化產品上將會變得更具競爭力。

分隔上述六種模式的界線並不明確。事實上，隨著科技進步，這些模式會逐漸彼此相容。隨著客戶既求客製化也求複雜化，我們終將看到模式的聚合。一件複雜的產品可以變成大眾市場中的標準化商品。製造業者隨著學習曲線移動時，這六種模式中描述的節約面向將更多、更廣。

如果市場需求有所保證的話，廠商也會同時探索多個模式。這項分析的前提是顧客具有同質性，但廠商可能可以區隔他們自己的客戶。某個類別底下的絕大多數買家可能喜歡標準化的產品，而次多族群可能需要有一些變化的產品。這類族群可能為數眾多，而且願意付出足夠的代價換取優質產品，使模組化或客製化可以發揮作用。

天壇星計畫：積層製造通往大衆市場的曲折之路

經過種種努力，認爲積層製造不適合大量生產的守舊看法已經開始改變。我們見到了積層製造愈來愈常被應用在大量生產標準化商品上。積層製造不再局限於生產原型、客製化的一次性商品或少量製造的專業化品項，而是已經接管了長久以來支配產業經濟的大量製造。

時間積累出如此的成果。任何複雜的科技，都不是一蹴而就地普及，而是摻雜了逆境、困境與卓越的突破。

「天壇星計畫」（Project Ara）便是最具代表性的例子，可以說明科技在製造業的世界中如何快速興起，以及顛覆這過程中的種種預期。這個衆所矚目的計畫，2013 年由數位巨人 Google 創始，將打造模組化智慧型手機，讓使用者可以抽換用來控制螢幕、電池、相機、電話和其他組件的不同功能模組單位。這些功能都涵蓋在一個經久耐用的架構之下，依據消費者對顏色和風格的選擇而自由變化。持有者可隨心所欲，無限地客製化與更新一支天壇星手機。這是我稱爲大量模組化的良好範例，而且具有使手機市場轉型的潛力。

天壇星計畫的一個關鍵因素，是手機的機身以使用具革命性的高速 3D 列印系統來生產，可以比當時的機器多生產 50 倍以上的單位。位於南加州的 3D Systems 正在操作這項新系統，其中有一條猶如賽車場般的輸送帶，安裝在上面的列印台板就像是行駛在鐵軌上的火車一樣。物品在這條迴帶上列印出來，許多生產流程可同時進行，去除了機器與材料需要暖機、冷卻與固化的冗長等待時間。科技專家對於天壇星計畫的前景大為興奮。由雄心勃勃的 Google 發起的這項計畫，可能會為智慧型手機與積層製造帶來變革。

但是希望終歸是希望，2014 年底，當 3D Systems 從這個計畫中抽身時，這個美夢似乎便破滅了。因為目前的科技無法因應這項挑戰，產品品質不穩定，控制輸送帶運轉所必備的精準時間難以掌控，又沒有足夠的列印材料。到了 2016 年 9 月，Google 便砍了這項計畫。

對於積層製造產業來說，這無疑是一個挫折。不過，這個挫折極為短暫，幾天之內，主導天壇星計畫的 Google 主管丹．馬可斯基（Dan Makoski），就以新職位現身在香港的新創公司 Nexpaq。Nexpaq 復甦了原有的概念，使用已併入客製化、模組化手機殼的科技。而由荷蘭研究機構 TNO 主導的一家歐洲聯營企業，宣布已經獲得高速 3D 列印輸送帶設計上一系列的突破性進展，可以修補 3D Systems 原有版本的問題。

TNO 的 PrintValley Hyproline 系統，併入了一套內部檢測模組，可以使用快速雷射掃描，檢查通過中的每一個產品，且併有一個創新的「取放」機器人。這個機器人由德國公司高聯（Codian Robotics）製作，可以用每秒兩公尺的速度移動與更換台板。TNO 也加入了更好的移動監控，以及可以使用不同材料的列印機。於是，包含多種材料的一個產品或是以不同的材料做成的一系列產品，可以同時被列印出來。事實上，廠商的數據顯示，Hyproline 系統可以同時製作出約 100 個不同的產品（如圖 3-6 所示）。

圖 3-6 TNO 的 PrintValley Hyproline，是完全自動化、如賽車場一般的 3D 列印生產系統。此系統在一條組裝線上結合了多重 3D 列印機，噴頭不動、底部台板移動，各司其職。© AMSYSTEMS CENTER。照片由 BART VAN OVERBEEKE 提供。

天壇星計畫曾經一時的鴻圖大志，如今要實現，只是時間問題。

這是我們在積層製造的專業發展中一再見到的模式：起初野心勃勃（或者說是野心太過）的宣告引來高度期許；技術上的複雜挑戰導致無法如期完成而延遲產品；帶來失望感；爲達成技術挑戰而有私下的競賽；然後是一連串的突破性進展，帶來了最終的成功，讓最初的興奮激動都能師出有名。

天壇星計畫的事蹟也說明了，將 3D 列印與包含其他科技的製造方案整合起來的混合式系統，將如何在接下來的產業進化階段中占有關鍵地位。

大型產業的陸續轉型

未來的局面將是：隨著生產價格降低，品質標準提升，許多大量生產的產業會開始採用類似的方法。

進行轉換的其中一個產業是運動鞋。2016 年，愛迪達使用積層製造機器人製造限量的 3D 跑鞋以及 Ultraboost Parley 聯名訓練鞋。由於稀有與酷炫，這些鞋子具有高度的收藏價值。到了 2017 年 1 月，原先零售價為 333 美金的 3D 跑鞋，在 eBay 的拍賣價已高達 3,000 美金。受到這些試驗結果的鼓勵，愛迪達在 2017 年啓用位於德國安斯巴赫市，名為「快速工廠」的新設備，打算每年製作 50 萬雙客製化的鞋子。**快速**一詞指的不只是跑者因為鞋子而得到的速度。愛迪達的設計副總裁本·赫拉斯（Ben Herath）說，設計與生產過程的數位化會將構圖到完成的時間，從 18 個月減少到「幾天，甚至幾小時」。位於亞特蘭大市的第二座「快速工廠」在 2017 年開始運轉，在西歐也有類似的設備要跟進。

積層製造也在大量生產智慧型手機使用的電子天線。如〈前言〉所述，我在初步研究積層製造逐漸成長的勢力時，發現了這個故事。部分由奇異創投支持的一家私人公司 Optomec

已經發展出許多先進的積層製造科技，包括雷射近淨成型技術，能以卓越的準確度、速度與節約度，3D 修補金屬部件；以及高密度氣溶膠噴塗列印，用來將感應器、晶片、天線與其他功能性電子產品，整合至需要極少組裝的列印裝置製品。如今，Optomec 的氣溶膠噴塗列印機，爲光寶科技的可攜式機構事業群製造數百萬支天線。光寶獲得的益處不只有速度和可購性，還包括一向較不明顯的優點——減少環境衝擊，因爲電子產品的積層製造去除對電鍍的需要、最小化有毒化學物的使用，並減少了廢棄物的產生。

另一個正處於積層製造轉換邊緣的產業，是 OLED。OLED 是在發光二極體（LED）上蒸鍍一層與電流起反應會發光的有機薄膜，用來製作如電視螢幕、電腦螢幕、手機以及掌上遊戲機等數位顯示器。OLED 顯示器因爲不需要背光源，而可以顯色到墨黑的程度，且比液晶顯示器（LCD）更輕更薄。2013 年 1 月，Panasonic 在拉斯維加斯的年度電子產品展上，公布了第一個以 3D 列印製造、用在 56 吋電視上的 OLED 顯示器。如今，LG、三星以及其他廠商都在研究 OLED 顯示器的積層製造，量產即將到來。

積層製造進入量產領域的另一個有趣的故事，跟噴射引擎產業有關，這個案例是透過我們稱爲大量區隔化的商業模式。

LEAP 引擎的燃料噴嘴，是即將透過 3D 列印量產的首批裝置之一。噴射引擎燃料噴嘴的構造極爲複雜，因爲它的工作既重要又精細：噴射燃料進入引擎的燃燒室，並在決定引擎效率上極爲關鍵。由於是以傳統方式製造，這些噴嘴內部有 20 個以上要分別集成的個別零件，如包括以鎳合金製成的零件需要透過硬焊接合（也就是用金箔或其他金屬箔片以高溫焊接，是一項特別困難與昂貴的製程）。奇異和其他廠商的工程師長久以來，一直在努力尋求以更負擔得起又更有效率的方式，來生產這些至關重要的裝置。

在奇異的要求下，莫利斯科技接下了這項挑戰。他們的工程師在保密約定下，花了好幾天想出如何將複雜的多模式設計轉換成單件式，消除了熔接與硬焊的步驟。此外，新的設計比尋常的噴嘴重量少了 25%，而耐久性卻多達 5 倍以上。奇異最後買下了莫利斯科技。到了 2017 年 2 月，他們收到 12,200 份新款引擎的訂單，價值達 1,700 億美金。

奇異現在正努力將積層製造運用在更大的飛機引擎上。例如，他們正在打造一間新的積層製造工廠，預計在 2022 年於捷克布拉格郊外啓用。這間工廠將會爲由德事隆（Textron）集團所打造的塞斯納．迪納利商務飛機生產新一代的渦輪螺旋槳引擎。

許多其他大型的產業正處於進入積層製造改革的關口。

其中一個例子便是光學鏡片產業，不只與鏡片和隱形眼鏡的製作有關，還包括從醫學配備到相機裝備等許多其他產品。使用積層製造來生產光學鏡片，由於技術上的限制，一直都不太可能做到。例如對 3D 列印技術來說很普遍的層疊製程，層與層之間的介面，無可避免地會帶來微小的瑕疵，在鏡片上造成散射或失眞的慘重問題。

一家名爲Luxecel的比利時公司開始尋求解決之道。他們開發出一種獨特的製程，使用微滴的液體，而不需要層疊。2017年2月，Luxecel宣布取得了國際標準化組織ISO在3D列印光學鏡片品質的認證。這開啓了全球光學產業可以躋身至噴射引擎業已在經歷的轉型可能性。

再見了！亨利．福特

積層製造不只在少量客製化或是高階產品，也在大量標準化商品方面取得品質與成本效益，這表示我們已處在製造業眞正的改革邊緣。這個改革將會加速長期的歷史性轉變——而這個轉變正在進行中：主導製造業長達一個世紀的福特組裝線模式的衰退，與最終的消逝。在製造業改革的這個階段，福特風格模式將會逐漸被量多、低成本的製造技術取代，讓往昔缺乏彈性、資本密集的工廠逐漸凋零。

和大多數的改革相同，這一次也將有輸有贏。適應緩慢的廠商將會停留在增加少數3D列印機、機器人組裝單位或其他創新的機具，並因而「增強了動力」的巨型福特式工廠。但是由於無法最大化因積層製造科技完全重新設計產品與營運方式所帶來的優勢，他們打的將是一場毫無希望的敗仗，就像是那些採用創新的日本式製造過程，但卻遲鈍又不用心的美國汽車製造商一樣。相較之下，已經迅速採用新的、低阻力的生產模式的對手廠商，將會享有龐大的經濟優勢。

製造業改革順勢而來的下一步呢？是那些合併大量生產帶來的範圍與規模利益的泛工業公司。他們將可以在具有超靈活性的工廠中生產範圍廣泛的品項，並靈巧地在產品之中轉換，與市場要求變化的速度同步。而且由於從庫存持有成本、運輸成本、材料浪費、組裝成本以及轉換成本中獲得節約，他們將可以比福特年代最好的大型製造商做得更快又更有效率。

亨利．福特對此也會感到驚愕不已，怕是在九泉之下也輾轉難安！

Chapter 4
工業平台：數位商業生態系統的形成

2016 年 4 月，我受邀參訪位於加州聖荷西市的藍天中心（Blue Sky Center），這是捷普科技營運的一個研發中心。我隨著時任捷普全球自動化與 3D 列印部門的副總裁約翰．杜爾奇諾斯（John Dulchinos）（他後來被拔擢爲數位化製造部門的副總裁）一起進行參訪。捷普是家很特別的公司，在今日最重要的商業發展中名列前茅。這次的參訪，也讓我得以與他們主管進行一系列令我大開眼界的對話。

你可能對捷普不熟。它是一家電子專業製造服務公司（Electronics Manufacturing Services），總部位於美國佛羅里達州，年收益達 190 億美金，員工超過 18 萬人，在 29 個國家管理超過 100 間工廠。捷普爲全世界的廠商製造商品、包材、電子產品、工業器材和其他更多產品。這些廠商個個都耳熟能詳，從蘋果、奇異、思科到特斯拉、嬌生與迪士尼都是。媒體較爲關注偉創力和鴻海這兩家代工廠，對鴻海的報導尤其多；但是捷普因爲在 3D 列印的使用、工業平台以及其他先進的生產科技上有了突破性的進展，使該公司成爲世界上最傑出的企業之一。而且這些創新將使捷普在新興的製造業改革上，位居前列。

自從1966年創立之後，捷普就穩定地打造自己在傳統製造方法、新產品設計以及供應鏈管理上的核心競爭力。一系列的併購已擴展了捷普在各個領域上的專精，如電子材料領域（2007年併購台灣製造廠綠點高新科技）、設計創新領域（2013年買下顧問公司Radius）以及射出成型領域（2013年買下精密塑膠廠商Nypro）。

捷普另一項專精領域是微型化。他們將數位視頻錄影機（DVR）的影片串流系統，縮小成2吋大的小型硬體裝置，猶如Google很受歡迎的Chromecast數位電視棒一般。捷普還將一台錄影機縮到3公釐寬，大約是一個針眼的長度，被醫療裝置廠商Covidien用來做成輸送管的末端。還有一個像Fitbit智慧型健身手環一樣的戒指，用來監控與追蹤使用者的身體活動程度與健康狀態。自從捷普開始涉足電子產品業以來，該公司已經擴張到汽車、醫藥、航太和國防等產業，也支援從研發末期與產品設計到包裝與零售經銷等業務活動的客戶。

捷普逐步摸索著，該如何使用傳統製造方法，爲任何人打造任何物品。如今的捷普，已經開始結合積層製造與創新的數位工具，這對企圖要在新的產業時代中獨占鰲頭的公司來說，是至關重要的下一步。

到目前爲止，捷普藉由讓每一家工廠致力於單一項傳統製造的製程、零件或產品，已經建造出一個工廠網絡。捷普工廠網絡的核心是其InControl智慧數字供應鏈系統，用來監視、控制、連結與優化這家公司在全世界的製造系統。捷普的管理者使用 InControl 獨特的網絡連結軟體和 18 種核心應用程式，得以追蹤任何一項捷普透過工廠網絡與 1 萬 7 千家供應商所製造或提供的數萬項特殊零件生產工作。管理者因應軟體所提供的訊息，可以依照需要，重新配置零件或調整製程。他們甚至可以為個別機器重新編程，以因應需求的改變。

下面這個小而有力的案例，可以呈現 InControl 系統是如何操作的。2016 年 4 月，日本九州發生地震，當地的通訊、交通、能源供應與其他系統都受到擾亂。InControl 系統為捷普的客戶進行檢測，立即偵測出一位九州當地的零件供應商能源斷了。幾個小時之內，InControl 系統便找到了一位替代供應商，並且提醒捷普管理者做出安排，使捷普客戶可以收到足夠的零件進貨量，營運不致中斷。

與過去類似天災所造成的紛亂相比。2011 年日本東北地區的地震與海嘯，導致日本東部幾近 1 萬 6 千人死亡，也造成福島第一核電廠的熔毀，導致重大的經濟與商業問題。捷普的數字供應鏈解決方案產品營銷總監查克．康利（Chuck Conley）告訴我，有許多客戶在幾星期後才發現他們的營運受到干擾。有些反應不及，以致讓工廠停機和交通的問題切斷了供應鏈，造成數百萬美金的損失；有些反應過度，在恐慌之下從替代供應商那裡進貨，這些貨品最終卻成了不需要的廢物。「這對於捷普而言，是個警鐘。」康利如此說道。捷普打造由網路連線的全球化供應鏈管理網絡的決定，有一部分便是受日本東北災情的影響，並因此產生了 InControl 系統。

在約翰·杜爾奇諾斯的帶領下，InControl 不再只針對像是地震等情形而反應——雖然這樣的服務確實相當重要；InControl 對某家公司供應鏈可能的產生的風險來源，從天災、政治動盪到經濟不穩定等因素，都能**預測**。捷普的管理者在管理公司營運的電子專業製造服務時，可以審視風險。而租用或經授權爲自己公司的營運而使用 InControl 的客戶端管理者，則可以透過系統的儀表板瀏覽自身供應鏈的詳圖（如圖 4-1 所示）。儀表板上會顯示出遙遠的節點（工廠、組裝廠或是倉儲），以及零件和產品在這些節點之間的即時流程。

圖 4-1　捷普的 InControl 儀表板包括如牆面一般大小的螢幕，以顯示散布在世界的工廠、捷普客戶與供應商。工廠地點由不同顏色標示，以反映出風險、品質以及效率上的評比。圖表則隨時間追蹤完成度。儀表板可以監看與顯示單一產品、產品分部或製造系統的完整特性。照片由捷普提供。

儀表板所提供的供應鏈中的「端對端」可見度，需要許多第一、第二與第三方供應商數據系統的整合。這些系統通常互不相容，而這正是捷普團隊必須解決的軟體設計挑戰。如今，他們的客戶已經可以使用儀表板，針對「我的貨在哪裡？」「爲什麼運送會卡住？」以及「如何使供應鏈更有效率？」等簡單的問題，獲得快速而清晰的答案。

有潛在危險的地方也可以被指認出來，管理者可以在問題出現之前，採取預防措施。InControl 根據客戶公司的特性，使用經常改換的風險屬性清單，以分析超過 700 萬種不同的材料與裝備零件。如某個產品設計團隊可以收到警示，獲知預期在新裝置中使用的某些零件，可能只有單一源頭或是來自位於高風險地區——易患水災的港口或正受罷工潮威脅的國家——的供應商。

InControl 的風險分析應用程式可以量化風險，並指認出廠商網絡中的障礙與冗贅之處，還可以提供高評價的替代方案。產品設計者可以此爲依據，決定換上稍微昂貴的零件，以較高的成本換取心安。或者，他們也可以選擇改變供應鏈，挑選中斷風險較低的供應商。捷普的「供應鏈設計」應用程式，幫助廠商在產品設計過程中，能保有對於供應鏈的思考。這項軟體協助廠商做出設計上的聰明選擇，能大幅減少製程受到外在問題干擾時的脆弱度。

InControl 軟體也監看對客戶的商業計畫而言，較不明顯的策略性挑戰。例如，它標示供應廠商的財務穩健度，讓客戶可以避免將不可或缺的零件發包給處於破產風險中的廠商。它甚至可以追蹤與分析推特上對於一家公司產品的意見與客戶評論。在至少一個案例中，它說服客戶減少受歡迎程度將意外暴跌的產品的產量，即時避免了代價慘重的進貨過多情形。

製造業管理者可以使用 InControl 來進行對於「假使」情況的分析：假使我們將工作重新分派給別的工廠或供應商呢？假使我們將某些產品零件從傳統製造換成積層製造呢？假使我們改變產品組合呢？假使沃爾瑪（Walmart）在聖誕節前幾週送來緊急訂單呢？捷普的儀表板可以顯示諸如此類突發狀況的影響，協助管理者為有效率的工作流程、優化的物流以及提升利潤的其他措施，選擇最適合的生產路徑。

10 年前不可能出現 InControl。雲端運算、行動連結、大數據分析與人工智慧對於這個系統的卓越速度與影響力都有所貢獻。但是捷普目前所完成的，只是更加驚人的改革過程的第一階段。

捷普的人工智慧性能隨著時間持續擴展，操作 InControl 所監督的生產管理將會愈來愈自動化。很快地，捷普與其客戶將能夠以曾經夢想過的速度與效率，對市場上的變化做出反應。例如，在套利機會出現後的瞬間，便在可替換的供應商之間轉換，不需要人類決策者的干涉。

與此同時，捷普使用與客戶完全相同的工具，持續強化與發展自己的產品性能。在接下來的幾個月，捷普的製造設備，包括散布世界各處的全功能列印機廠，在製造零件與組裝品時，將可以合併積層與傳統製程。託 InControl 的福，不論位於世界上哪個地方，捷普都可以一路管理從工程師的電腦輔助設計（CAD）檔案，到製作特定產品的列印機陣列的信息流。以約翰．杜爾奇諾斯的話來說：

> 今天，捷普在世界上擁有超過 100 間工廠。10 年之後，可以想像我們擁有的工廠數量可能已經超過 1,000，或是 5,000。這些全都是更小型的工廠，每一間都位於靠近我們的終端市場、人們可以購買的地方，讓我們更可以完全依照需求來生產產品。這便是 3D 列印的價值主張最令人難以抗拒的面向。

這些系統促成的靈活度與反應度將會非常令人吃驚。例如，捷普已經測試過在不同列印機的科技之間，進行切換的經濟情況。例如，如果要生產出與即將上市的新智慧型手機設計相容的 10 萬個機殼，捷普的管理者可以在以下三種替代方案中選擇：

- 透過幾台昂貴快速的多射流熔融列印機量產。
- 使用 1,000 台價格不昂貴的荷蘭製桌上型 Ultimakers 列印機，以交錯的進度印製零件，可以獲得零件或產品持續的流量。
- 以爲數不多的超快速、高成本的光固化成形術列印機批次處理。

這些替代方案中的每一項，都爲成本、品質、交貨時間與其他因素帶來了許多不同的優點與缺點。使用傳統分析方法的話，在選擇上會很困難，而且製程間的轉換會昂貴且複雜。InControl 系統簡化了這些難題。這個應用程式可以計算出在特定時間內，以何種方法、製程、地點和積層製造最有效率。在指定的任何時間，依市場需求變化，它可以達成前所未有的輕便與高效，在不同列印機的生產之間進行切換。如此，捷普將獲得某些範圍經濟，就像西門子、艾默森和奇異，透過其「未來工廠」正在實現的範圍經濟那樣，只是產量可能更大。

這代表著，明日的多元化廠商將會以相當不同的方式組織起來。今日的多元化廠商通常使用分門別類的產品部門，積層製造與像是 InControl 這樣的平台，可以讓好幾個產品部門聚集爲單一部門，擁有更模糊的產業邊界、更大的範圍經濟，以及更好的綜效。隨著捷普的分析性能持續成長，該公司與諮詢顧問之間的夥伴關係也會擴展，或是許多相同的性能會變成自動化，並被含括在捷普客戶尋常享有的好處之中。

接下來的幾年，捷普對於網絡的持有與控制，以及網絡帶來的大量市場數據的取得，將會變得更加有價值，而且更加強大。有了這項新科技，捷普將不僅止於是一家電子專業製造服務公司。由於捷普將會在幾乎每一個產業中，都能跟隨最新的供需脈動，該公司將能代表客戶或自己快速進出市場。捷普最終可以選擇完全進入製造業市場，並專注在販售與授權其數位化生產軟體平台給許多公司（雖然這選項目前還不在捷普主管的考慮中）。

無論如何，捷普與全球供應商和市場的數位化連結，將有可能使該公司成為資訊最龐大、勢力最強大的企業之一，就如Google 利用積層製造的靈活性轉型到完全數位化生產一樣。

平台如何運作？

使捷普在未來產業中如此重要的原因，是因為他們打造了一個很棒的工業平台。但是「平台」到底是什麼？它與傳統商業模式又有何不同呢？

平台利用資訊工具、即時通訊以及網路功能，將世界上任何地方的貨品、服務供應商與客戶連結起來。不同種類的平台已經改革了許多市場，也完全打造了某些新的市場。在 B2C 到 C2C 之間，較為人熟知的例子包括：

亞馬遜。以網路書店發跡，很快成長為一家「什麼都能賣」的商店。亞馬遜將數百萬名消費者和幾乎所有產品種類的上千家製造業者、經銷商以及零售商連結在一起，並且使用龐大的網路與數據分析功能，提供像是雲端運算、資料儲存以及日漸增多的實體銷路，提供橫跨書店到超級市場的服務。

eBay。起初是一個拍賣網站，擴展成為連結世界上各式各樣商品的數百萬零售商與賣家的平台。除了提供可靠的產品送貨服務，也透過子公司 PayPal 保證安全的支付方法。

臉書。原先是個人社交互動平台，逐漸成長爲舉辦遊戲、政治活動、媒體參與，以及最重要的消費者營銷等無數活動的平台。

Google。一開始是讓網路使用者可以找尋特定資訊與知識來源的搜尋引擎，但是轉變爲由數十億筆全球性連結所推動、以資訊爲主的多種服務提供者。

蘋果的 iPhone。從簡單的通訊工具進化成爲數千家數據、娛樂與服務供應商之間的**連接埠，包含從出版商和**音樂公司，到電影工作室、遊戲製造商以及應用程式設計者等各種範圍。

更專業的平台。例如 Uber 與 Lyft，正透過龐大平台導向的駕駛提供者網絡，爲城市交通進行產業轉型。Airbnb 透過連結屋主與旅客的平台，在旅館服務業中占有一席之地。還有從 Angie's List 和 Trivago 到 TripAdvisor 的無數其他服務平台，連結消費者和數不盡的服務供應商，從收益中抽成。

乍看之下，除了都仰賴網路作爲商業設備以外，這些平台的共同點並不明顯。但是他們全都擁有這樣的競爭力：不只能夠生產貨品或直接向客戶提供服務，還可以在商品與服務的提供者與需要商品與服務的消費者之間提供連結。他們所做的連結，是透過自身吸引、聚集、分析與探索**龐大數據量**的能力。這龐大的數據量，包括豐富、詳盡且時時刻刻都在整理的出售物品類別，包括關於客戶需求、興趣與偏好資訊的巨大儲存空間，也包括關於定價、物流、運送、產品可得性、服務品質與其他更多經常在改變的數據。

這些數據的用處也說明了平台的重要特性：仰賴**網路效應**爲其創造價值。

網路效應，也稱爲網路經濟效應，來自於某個平台參與者的數量多寡。數量愈多，平台就愈有吸引力，爲平台使用者與持有並管理平台的公司所創造的價值也就愈高。受亞馬遜吸引的買家，大多是因爲在這個平台上販售物品的零售商的數量與多樣性；而對零售商來說，當然也是因爲造訪網站的買家數量龐大。臉書平台之所以能吸引數億位參與者，也正是因爲我們可以在臉書上找到幾乎所有的人，而這巨大的吸引力，爲臉書帶來龐大的廣告收益，以及來自銷售給會員的遊戲、應用程式與其他品項的一部分收入。

這些例子說明了，網路效應傾向於自我增強。一旦平台達到某個關鍵的數量，它就可以進入一個良性循環，參與者的數量持續無限制地擴張，帶來了價值。網路效應有助於解釋，爲什麼我們在此列出的平台，都是在世界上成長最快速的公司。

平台商業已經改革了一個接一個的消費者市場。但是直到最近，才在產業的競技場上取得初步進展。

這並不是因爲鮮少有人嘗試的緣故。事實上，人們已經很努力地在打造 B2B 平台，以作爲產業供應商與消費者之間的網路市場，但是卻沒有一個受到歡迎。箇中原因很多。有些平台設計試圖不加區別地採用亞馬遜或 eBay 的 B2C 模式，但是由於製造業界客戶的需求比一般消費者的需求更爲複雜，因而導致失敗（在網路上購買音樂CD或書籍是一回事，爲生產一百萬輛自動駕駛客車——具有影響生命安全的超精確公差的精密物品——訂定契約又是另外一回事）。

其他打造工業平台的嘗試，因爲無法跟上數位科技的變化而失敗。例如有些平台在主要買方開始依賴應用程式、平板、智慧型手機和其他行動裝置進行大部分上網活動之後，還在持續推廣第一代的電子商務網站。也有實驗性的工業平台，因爲發起的機構既想打造大型穩健的網路商務社群，又擔心會打壞傳統的販售通路，而導致了失敗的下場。

捷普的成功，無疑象徵著工業平台的時代終於到來。

工業平台：新的商業品種

如今，平台商業進軍產業領域終於不再只是敗仗連連了。這一方面是因爲我們對網路商務有更多的了解，以及有了更好的軟體設計，但最大的原因還是製造業的數位化。在積層製造與其他自動化生產的數位科技世界中，工業平台擁有可以提升製造速度、準確度、效率與靈活度的驚人力量。

工業平台將會與如今廣爲人知的消費者平台大不相同。它們的結構與功能將更爲複雜，而且會在一個與目前最成功的平台所占據的消費者領域大相逕庭的生態系統與市場中運作。

工業平台將服務一個大型、錯綜複雜的商業生態系統，面對至少四種型態的使用者。包括：

平台的直接使用者。平台持有者以及使用平台各種不同元素的眾多公司，包括製造業者、供應商、物流公司、批發商、零售商、設計公司、行銷顧問，和其他服務供應商。

平台的間接使用者。與平台或與直接使用者互動的機構，包括監管機構、稅務機構和其他政府部門，私人以及大學附屬的研究室，提供財務、法務、會計和其他專業服務的公司。

通訊網絡。平台持有者對平台用戶提供的內部系統，包括Wi-Fi、近距離無線通訊、藍芽、無線路由器、無限範圍擴展器和中繼器；還有外部的通訊網絡，例如電信公司、網際網路骨幹的供應商、網際網路服務供應商、內容傳遞網路，和獨立的物聯網網路。

與平台連接的終端產品使用者。平台持有者的客戶與用戶公司。對他們來說，通訊網絡可監看並且提升製造網絡及其產品的性能。

你可以看到，工業平台周邊的商業生態系統，通常牽涉到數百或數千家機構，而且可能牽涉到組織管理階層中的數百萬名個別參與者。這是一個與今日消費者平台的操作大為不同，而且更加複雜的世界。

工業平台與消費者平台在許多其他方面也有所不同。

工業平台將會成為 B2B 以及 B2C 領域之間的橋梁

工業平台會串連不同型態的參與者，包括企業與身為那些企業的客戶的消費者。因此，工業平台將會從事 B2B 的互動，同時也會參與類似消費者平台的 B2C 業務活動。

舉例來說，想像一個強而有力地存在於電子產品設備，諸如電腦、平板、手機、電視、路由器、相機等市場中的工業平台。這個平台將串連起參與設計、製造、行銷、運輸以及設備維修的企業，包括智慧型手機廠商、公司層級的網路機具製造商、專精於工業設計的公司、家用電子產品零售商等，並將以不同的方式支援這些公司：協助他們管理供應鏈、控制存貨流轉、開發改良的商品設計等。這些互動都在 B2B 的類別之中。

然而，同樣一個平台也將串連起作爲這些電子設備終端用戶的消費者，像是智慧型手機買家、使用筆記型電腦寫作業的學生、在客廳安裝大型 LED 螢幕的運動愛好者。這個平台將以不同的方式強化消費者在使用電子設備上的樂趣，例如透過物聯網監看設備，以及在需要修理或更新軟體時提醒使用者，或是提供像是特殊影音串流服務、具有附加價值的交易。這些互動屬於 B2C 的類別。

若此平台確定會創造最佳價值，那麼它便需要被設計成在 B2B 與 B2C 業務活動中都能達致同樣的成功與有效。

工業平台將參與更複雜的使用者互動

這是因爲工業平台結合了 B2B 與 B2C 的動態活動，因此比起消費者平台，它將參與更加複雜的互動。

大部分的消費者平台只要專注在簡單的媒合功能：臉書與

LinkedIn 媒合個人與其他分享特定興趣的人；Lyft 和 Airbnb 媒合遊客與服務供應者；亞馬遜和 eBay 媒合購物者與賣家和商品。

工業平台同樣也將提供一些簡單的媒合功能。例如，試圖在南亞經銷商品的公司，可能會使用工業平台，以尋找對提供這項服務有興趣的零售商。但是工業平台也將針對優化生態系統，執行範圍廣泛的業務活動。這些活動將協助使用者公司改善營運、優化與分配資源、發展與改進策略、管理風險等，不勝枚舉。這些功能需要比一般消費者平台所從事的活動都更加複雜的資訊、觀念與過程。

工業平台將創造與企業和消費者相關的複雜網路效應

與消費者平台產出的網路效應相比，工業平台創造的網路效應也會相當不同，而且可能更為強大。這些網路效應將協助泛工業公司的興起做好準備。我們可以預期過程會如下展開。

工業平台的持有者，將會想在企業方與消費者方都打造相當大的社群。這將使他們可以享有網路效應提供的全面好處，包括從企業網路與消費者網路之間的互動中成長所帶來的好處。大型而且尚在成長中的企業方網路，可以提供能吸引更多消費者的廣泛資訊、貨品與服務；而大型且尚在成長中的消費方網路，將吸引更多想要販售貨物給更多客戶的企業。

任一方平台的成長，將有助於另一方在其他方面的成長。例如，當一家新的電子產品零售商加入某個工業平台時，將會

「附帶」該公司所有的消費者客戶，這些客戶將能接收到來自平台的訊息與買賣邀約。他們將成爲關聯性產品、服務契約、零件替換與升級產品的販售標的，因而穩住可能打擊一個完全依賴新商品銷售量的產業的收入不穩定狀態。他們也將讓平台可以取得關於消費者偏好、購物習慣與瀏覽模式的額外資訊來源，讓平台的企業用戶更容易發展出買賣邀約以及有效鎖定新客戶。

因此，透過兩端網路效應自我增強的好處，幫助平台成長得更大、更強。這也表示，工業平台的管理者將具有更強烈的動機，想要精通關於建造與維護企業和消費者兩方大型網路的技能。這種「雙重視野」，比起處理僅有消費者平台的管理者的工作，要更具有挑戰性，也可能獲得更多的報酬。

企業用戶將有能力創造對工業平台其他參與者特別有價值的網路效應。例如，想想企業用戶將會在專業深度上帶來的貢獻。許多企業用戶會是經驗老到的產品設計者；有些會具有工程上的才能或是技術上的實際知識；其他人會是行銷、販售、物流、服務和其他重要業務活動的專家。經營良好的工業平台會想辦法利用這些資訊與觀念上的資源。平台管理者可能會發起能爲其他的平台用戶，衍生出具有價值的構想的共同創作、協作以及群衆外包業務。

其他有用的網路效應，將會由企業用戶的成長數量所帶來。採購相同物料的公司，如 3D 列印所使用的同一種金屬粉末，便可以使用這個平台來集中他們的訂單，並因此獲得批量折扣、特別的運輸與倉儲服務，以及其他優惠的商業條件。

爲重疊的客群生產相關商品或服務的公司，將會使用這個平台結合影響力，打造出吸引人的套裝產品（例如製造嬰兒服飾、嬰兒家具、紙尿褲、玩具和出版兒童書籍的公司，可以共同合作，開發出可以在平台消費者端販售的新生兒用品，或是產前派對的套裝產品）。

同一個市場裡的公司，也可以透過分享消費者資料來積累價值。從物聯網的購物活動、瀏覽結果以及其他收集而來的數據，將可以使企業進行既有與潛在客戶的深度分析。從中獲得的見解，可以幫助廠商創造更貼近客戶需求的產品，也能幫助他們更有效地行銷這些產品。

總之，工業平台可以爲企業用戶創造的網路效應，幾乎沒有限制。隨著時間演進，這些具有好處的效應將會有「鎖住」平台企業用戶的傾向。因爲這些可以運用的好處，讓企業用戶不願意離開或是考慮更換平台。與優良的工業平台是否聯繫得宜，將是企業能夠成功營運或是運轉失當的關鍵因素。

最重要的是，持有最佳工業平台，並享有那些因龐大網路效應自我強化所帶來的好處的公司，將會處於有利的位置，成長爲泛工業平台的巨人。

工業平台將不會受贏家通吃的效應主導

最後，在消費者平台之中普遍發生的贏家通吃的動能，將可能不會在工業平台之中盛行。在任何一個產業市場中，比較可能看見的現象是，許多工業平台將會存活下來，彼此競爭。

我們已經明白網路效應是如何自我增強的。在其他條件不變的前提之下，大型網路會吸引更多使用者，因此提升網路效應的力量，從而吸引更多用戶……依此邏輯，單一巨型網路之中的用戶會屬於某一特定的類別。這說明了，像臉書、Google與 Uber 這樣的平台，是如何在他們的特定市場中，取得支配的地位。

工業平台之間的競爭，不太可能以這種方式運作。這有許多原因。其中一個原因是企業管理者想為專屬資料保密的欲望，像是產品設計與配方、客戶資料、策略性計畫等。作為一種競爭優勢，保密的重要性將會在廠商允許的分享數量上，創造出自然、固有的限制，尤其是在面對相同客戶的對手廠商之間。由此看來，如福特、通用汽車、豐田與福斯汽車，便不太可能成為同一個工業平台的用戶。

第二個原因是，工業平台將提供相對複雜的服務與好處。我已描述過工業平台的某些工作，將會比消費者平台更加複雜與精密。這種附加的複雜度，會為小型對手創造出線的機會，包括在科技、行銷、財務、物流或其他領域中，對於如何擴展或改善平台提供的服務具有創造性想法的專家。

最後，還有政府干涉的可能性。單一平台可以聚集龐大資料、資本與市場勢力的可能性，很有可能會引來立法者與監管機構的監督。反壟斷法可能會被援用，以打破如此不可一世的威力。

因爲以上種種原因，工業平台的世界將會與消費者平台的呈現與運轉相當不同。我預期，在衆多競爭廠商之間，將會有許多具有長期推動與拉引特色的工業平台市場，彼此都在持續競保優勢，並搶奪企業與消費者用戶的忠誠度。

平台勢力如何為製造業增加動能：Zara 的故事

在第二與第三章中，我們見到了配備積層製造新工具的廠商將如何獲得（幾乎是）沒有邊界的範圍與規模。我說明了爲什麼幾乎可說是無限量地製造一切事物的能力，將爲廠商帶來範圍與規模經濟，爲積層製造導向的製造業者降低成本，使他們比對手企業獲得更多利潤。自我增強的成長循環將會啓動，使這些企業踏上征服世界之路。

但是組織、管理與營運這些新興巨人，並使他們能夠善用因龐大擴展的範圍與規模所帶來的好處的系統，直到最近才有著落。這就是數位化工業平台。

使用數位化全球平台創造驚人效益的案例，是位於西班牙的服裝業大廠 Zara。儘管 Zara 目前倚賴傳統製造而非積層製造法，但在使用數位化工具安排複雜的設計、生產與全球物流營運上，該公司可說是先鋒。只要稍加了解 Zara，便得以瞥見工業平台在未來幾年間，可能爲製造業帶來的各種轉變。

Zara 的「快時尚」服飾，在全世界 88 個國家中的 2,100 間零售店裡都可以買得到。很少有一家公司可以比得上 Zara 對新興時尚潮流的辨識度以及快速的應變能力，不論這股潮流是來自紐約蘇活區、新加坡學生喜歡逗留的地方或是里約熱內盧的咖啡店。整個營運的控制中心，是位於西班牙拉科魯尼亞市的 Zara 總部，其中有一組市場分析師專門研究每天從世界各地商店湧入的最新資訊：哪件衣服賣得最好？哪件商品被不滿意的顧客退貨？其他服飾公司的哪些新款衣飾最流行？這個團隊基於這些訊息，對公司內部 300 名以上的設計師發出指示。這些設計師的工作，是將最熱門的時尚構想轉化成買得起的服飾，並在 21 天或更短時間之內，就快速運送到 Zara 的店面。

Zara 上游與下游業務的緊密連結，由資訊科技所控制。總部決定產品價格，其中包含了距離成本、對當地競爭情況的考量，同時還要符合公司的整體目標。總部團隊也設定區域性業績目標與獎賞，並且分享從與各國管理者的交流中汲取出的最佳營業方法。

總部也監督供應鏈上好幾個重要步驟，例如紡織品的預備、縫製，以及在他們完全持有的西班牙工廠中進行檢測。「快速模仿」產品的生產，則在靠近公司總部的工廠中進行。對此生產來說，最重要的成功關鍵是運送到市場的時間。價格敏感的產品，會傾向在位於孟加拉、中國和其他亞洲國家的工廠生產；而講求速度與價格平衡的產品，則會在位於東歐與北非的工廠生產。總部團隊也處理物料採購與檢測供應鏈的各個面向，嚴格控制整體的品質。

Zara 高度集中的製造系統有多種風險，如：對西班牙的過度倚賴，當該地出現經濟與天然災害時，會相當危險；維持在歐洲的許多營運成本較高；由於其他地理區域相對缺乏製造工作，因此拉長了新款衣飾的上市時間。儘管如此，這個系統仍然相當成功地執行了 Zara 快時尚、低成本的模式，使 Zara 成長為時尚業的巨人。2016 年，Zara 銷售了超過 4 億 5 千萬件服飾，銷售額達 159 億美金。

Zara 的系統是否稱得上是完全成熟的工業平台呢？恐怕還不是。雖然 Zara 使用集中式的產業資訊科技系統，透過不同的套裝軟體管理，但是這還不算是完全整合的平台。如果所有的軟體放在一起，將會構成近乎完整的工業平台。

在參訪 Zara 位於拉科魯尼亞市的工廠時，我自問：Zara 的系統可以如何透過積層製造的改革而轉型？如果 Zara 結合一個完整的工業平台與積層製造的優勢，他們可以在創新、模仿以及新款衣飾的上市時間上，大為增強已有的顯著優勢。積層製造可以在供應鏈上的許多階段，簡化 Zara 的生產系統，透過一次列印整件衣服而減少或去除例如裁剪與縫製的工作。積層製造也可以讓廠商在安全的網路連結中，迅速下載可供 3D 列印的設計檔案到四散的製造系統中。工業平台可以促成整個網絡間的協調、通訊與控制，即使牽涉的地理範圍極為廣大，仍能確保高品質與反應速度。將 Zara 的網絡轉變成為更加集中的系統，可以使公司更快、更靈活、更有效率，在未來 10 年激起更進一步的全球化成長。

Zara 以如今的科技已經取得如此成果，想像一下，當真正的工業平台由積層製造驅動整個營運時，未來的製造業者可以做到什麼程度？

如今，企業領導者終於開始承認數位化工業平台可以爲製造業廠商的生產力、利潤與成長增加動能的潛力，但是許多人卻仍然裹足不前。

麥肯錫數位化部門（Digital McKinsey Practice）的專業顧問在 2017 年 2 月發布了一份調查報告，嘗試評估多種數位投資型態的附加價值。他們比較了五個數位投資商業活動領域中的收益與利潤強化的影響力。這五個領域包括商品與服務、行銷與經銷、生態系統、商業過程與供應鏈。

他們發現，這五項投資都會產生效益，但是供應鏈的數位化卻能在未來產生最可觀的報酬。然而自相矛盾的是，供應鏈的數位化也是大多數受訪的企業管理者認爲優先性**最低**的選項，只有 2% 的企業管理者認爲這個領域值得關注。

捷普和 Zara 的故事清楚告訴我們，優化供應鏈是工業平台可以提供的重要好處之一。麥肯錫的研究則指出，那也是可以輕易達成的目標，會爲了解其價值並快速採用的廠商，提供巨大的利益。

Chapter 5
編碼未來：打造世上第一個工業平台

如你所見，捷普的 InControl 系統不只是一個讓企業可以向供應商訂購零件的網路商店，它還協助廠商大幅改善他們規畫、管理與優化整體營運的能力。在看過捷普的儀表板之後，我就對它所提供的潛力感到著迷。製造業主管一睹 InControl 系統的儀表板並嘗到一些甜頭之後，很難想像他們會去別的地方做生意。

給泛工業公司的處方箋

InControl 系統是將在未來數年內興起的數位化工業平台的初期範例。這些新興的工業平台，將能夠串連與協調龐大而多樣的顧客、遠在他方而通常在地化的製造中心，和在設計、行銷、販售、品牌建立、財務以及其他領域中的專精人士。這些平台將包括目前 InControl 所自豪的所有生產控制性能，以及其他更多的功能。例如，有了受歡迎的企業資源規畫（ERP）軟體，便可能發展出分享數據與製程的能力。大多數大公司已經採用這項軟體，來監看與控制他們的販售、行銷、帳務與客戶服務活動。這些平台也將連結處理如招募、聘雇、培訓、排程與福利管理等一般人力資源活動的軟體系統。

隨著工業平台的成長與擴展，它們將提供能夠強化我所描述過的範圍經濟與規模經濟的多樣性能，使掌控平台的公司獲得更進一步的成長。以下列出工業平台可以促成的一些活動。

以新的分析工具善用範圍與規模優勢

在打造龐大、多面向的產業公司時，必然會出現的組織面的挑戰，一直都是縮限企業規模與複雜度的關鍵。這些挑戰是公司無法從範圍經濟與規模經濟都獲得利益的主要原因。公司被迫要從中擇一。如今，軟體將計算規模與範圍之中的最適搭配，使公司獲得成長與利潤上的目標。

新工業平台部署的大數據分析、人工智慧、機器學習以及數位化通訊等新興勢力，將可使公司成長茁壯並高度多樣化，而完全不會複雜到難以管理。可以持續重新分析工人排程與生產設備的智慧軟體，將穩定收到大量來自智慧型手機、感應器與終端機的最新即時數據。這些數據使應用程式可以追蹤工人的健康、安全、身體活動與工作進展，以及這個完整網絡之中不斷改變狀態的每一台機器。

有了這些資訊在手，目前仍需要具有高度技能的人力才能夠做出的無數決策，將能夠被工業平台所自動決定。從依據每分每秒不停波動的需求來設定生產水準，到辨認與善用國際市場價差的套利機會，平台將可以做出並執行所有的聰明決策。

其結果是：對產業範圍與規模上的重大限制將瀕臨瓦解。在不久的將來，製造業廠商將擁有能讓巨大、複雜的營運更加順暢的管理系統。工業平台讓這一切成爲可能。

推動產業生產力：鮑莫爾病的解藥

在許多產業中，廠房的工作大多已經自動化了，但是組織與安排製造業公司所需要的管理工作則還需人力執行。

有個簡單的例子：製造與行銷如工廠設備等工業用機器的全球化公司，需要部署上千位工人處理安裝、維護、修理與替換機器的工作，這些工人需要由上百位行政人員配置、排程、追蹤與監督。隨著組織規模的擴展，行政人員的數量也會成比例成長。因此，大型公司習慣上都會維持龐大的行政總部，通常座落在城市裡的摩天大樓或是市郊的辦公室基地。

而問題是，當資訊主導的工作必須由人力執行時，就不會有規模經濟。事實上，當概念上的挑戰其規模與複雜度都增加時，在執行工作上所需要的智性能力，實際上可能會隨著組織的規模而**成長**。難以在以人類爲主的知識活動中引進自動化方法，一直被認爲是許多產業生產力停滯的主因。這個現象有時會以率先診斷出這個疾病的經濟學家爲名，也就是**鮑莫爾病**（Baumol's disease），它有助於說明即使我們已經有了電腦斷層掃描與筆記型電腦等科技的支援，醫療照護服務與教育的成本仍然在持續提高的原因。在這些領域中，大部分工作仍然是由個別的醫生和護理師、老師和校長在處理，而且幾乎不可能再提高他們的生產力了。

在某些商業領域中，數位化科技已經開始進軍對抗鮑莫爾病。例如，1940 年代，**運算**（computer）這個詞並不是機器的名字，而是一個工作職稱。爲了要應對複雜的工程與財務系統，製造業廠商聘請了上千位配備計算機的雇員，來處理無數繁瑣的數學計算。其中，由技能最高的數學家擔任管理職，結合他們手下人員的工作，提供工廠管理者所需要的結果。1970 與 1980 年代，這些運算人力被具有同樣工作職稱的電子裝置取代了，這些裝置可以孜孜不倦地進行分析工作，更便宜、更準確也更快。這是自動化對戰鮑莫爾病所取得的早期勝利。

在未來幾年，將有更多人類活動的領域被數位化淘汰。例如人工智慧可能在許多生產力還仰賴人類專業的領域上，持續削弱鮑莫爾病的勢力。而工業平台的興起，確保了製造業是最先以此方式進行轉型的領域之一。

你已經知道，像 Zara 那樣的先驅，正在對工業平台能夠創造的可能性進行試驗。其他公司，如跨國營建材料供應商 Cemex，也已經部署類似的平台系統多年。Cemex 公司的資訊科技系統，監測著他們散布在世界各地每家工廠的關鍵績效指標，例如產能利用率與每噸成本等。Cemex 公司在墨西哥州蒙特雷的總部，每天都會收到工廠產能目標與實際成果差距的報告。他們使用精密的演算法、全球定位系統、感應器與行動運算裝置，自動安排與改變數千輛運送貨車的路線。許多貨車所裝載的貨物都有時效性，如要在工地現場使用的預拌混凝土。

而這種管理方式，使 Cemex 公司得以在比古老、未數位化時代雇用更少的排程者與調度員的情況下，更能夠節省燃料成本、減少供應料的浪費，以及最重要的，避免了昂貴的工程延遲。

工業平台的到來，將爲製造業帶來類似的成本節約。正如同亞馬遜可以執行數百萬筆產品訂單而無須雇用成千上百位櫃檯銷售人員，或是 Uber 可以預訂數百萬次接送而無須雇用數千位調度員，工業平台將能夠以比福特、漢威、杜邦與波音等公司更小的管理力度，組織起數百位員工的工作內容。

對個別的公司，會產生巨大的成本節約；對整體經濟，生產力的增長會顯著可見；而對整個社會，白領科技人員失去他們的工作，則會是重大的問題（我在後文將會說明它所代表的意義）。

在組織內部帶來競爭市場的利益

另一種工業平台將協助推動新式效能的方式，是透過在內部或外部打造自我組織的競爭市場，可以推動包括定價、資源分配等決策。這樣的市場，將有助於打破階級式的決策者層級。

例如，龐大的汽車製造商曾經是以垂直整合的方式所組織起來的。汽車零件供應商德爾福（Delphi）曾經是通用汽車底下的子公司，訂單上關於製造什麼部位的零件、如何製造、何時製造、成本多少，都是通用汽車的主管說了算，汽車市場的新興局面只會與那些主管所預期與計畫的一樣準確。於是，兩家公司要進行規畫、管理、監測與調整生產計畫就需要數千份文件，系統極度缺乏效率。

垂直整合公司如今寥寥可數的一個主要原因，便是因爲認知到用以市場爲導向的系統來管理與供應商之間的關係會更有效率。如今，德爾福與其他供應商已經是可以販售自家產品給汽車製造商的獨立公司，而通用汽車也可以購買包括德爾福與其他家競爭公司的產品。由於彼此競爭的壓力，以及廠商的網絡在互動時所帶來更不費力、更靈活的改變，得以展現出包括更低的價格、更快的交貨時間以及更高的品質在內的效能。

工業平台不僅可以利用這種網絡用以推動效能的力量，而且還能爲其加注動力。平台可以使世界各地的供應商與客戶穩定、即時、並且鉅細靡遺地保持聯繫。複雜又難以預測的市場需求變化可以立即被註記，並由多重的潛在夥伴做出回應。如果重要零件突然缺貨，世界上任何一處的過剩產能都可以立即被辨識出來，並且快速遞補，其中甚至不需要人力的涉入。而如果有兩家以上的供應商可以應付缺貨的情形，彼此間競爭性的出價將能確保最經濟的生產者可以獲得這個工作，進而提升整個相連系統的效率。

強化公司的創新效能

歷史告訴我們，科技、產品與製程上的創新嘗試，常常因爲過於脆弱或是與周遭商業生態系統脫節而導致失敗。例如，諾基亞開創性的 3G 手機，因爲公司生態系統的合作夥伴無法及時開發出影像串流、位置導向的裝置以及自動化支付系統，落得失敗的下場。又如 1980 年，飛利浦電子公司的改革性高解析度電視，由於缺少高解析度相機與支援性的傳送水準，也以失敗作收。

一個工業平台可以透過促進通訊與使用者之間的夥伴關係而支持創新。當平台使用者在開發新的產品構想時，其他使用者可以透過協助發展可靠的供應鏈、採用相關科技、生產關聯性產品服務，並且在經銷與行銷這項新產品上的共同合作，來支持這項創新。

在多重地理位置上創造範圍經濟

依賴傳統製造方法的公司很難服務任何一個需求低量產品的市場。如果特定的國家或地區不能支持大規模市場的生產，那麼大部分的公司就會選擇從另一個地點出貨（這可能會導致產品所費不貲），或是完全跳過這一個市場。

工業平台對這個兩難局面有許多解決的方式。能夠電子監測或控制遠在他方的小型工廠，加上可以快速、輕易改變生產計畫的彈性，使廠商即使在低密度地區也能打造多模式工廠。藉由緊密追蹤需求，製造商可以做出精確的決定，依照需求變換產品或零件，做出多樣性的可用商品，即使是小型市場也買得起。

工業平台也可以讓多國企業更容易跨國或跨地區追蹤某項產品需求的變化。針對消費者偏好與傾向的最新資訊，有助於廠商修改生產計畫，以更精準地符合需求，並因此減少生產、運輸與儲藏未售出商品的成本損失。這個平台也可以辨認出當地理想的零件與原物料資源，協助優化公司的供應鏈，減少風險，並進一步增加利潤。

另外，共同使用相同平台的公司，可以結合來自同一地區或國家的不同產品的訂單，創造出他們可以有效執行並負擔得起的高品質、高價值產品。工業平台不僅能藉此追蹤與合併訂單，還可以辨認出最佳的運送路線與方式，以及利用在特定時間內的價格優惠，而帶來助益。

工業平台所產生的這些提升的效益，可以幫助企業服務多重、較小型的市場，得到比目前更高的獲利。

做出比人類更快、更好的聰明決策

數位化工業平台的整合、組織與協作力量，將使企業可以善加利用積層製造所承諾的範圍與規模利益。最終階段的賽事將會是，製造業者可以幾乎完全自動化，充分利用設計良好的軟體優越的分析性能，不需要人類的涉入，就能做出策略性與管理上的決策。

配備了人工智慧的機器，將能在不需要人力協助之下，迅速處理營運龐大製造業公司所需的複雜決策，這是否令人難以置信？其實不然。在過去 20 年之中，許多產業已經採用製造執行系統（MES）科技，自動化許多與製造相關的數據收集、分析與決策過程。一個 MES 系統可以確保工具、設備與供應料都在正確時間送達工廠內的正確地點，可以提供產品的正確定價與為客戶準確預測遞送時間所需的詳細資訊，也可以在環境發生變化時，依照需求修正生產進度。新的工業平台將會在更大的規模上運用類似的方式，以整合並控制單一廠房，以及可能橫跨數千英里的數百個地點的活動。

要達成這樣的進展確實並不容易，但是以下案例可以讓我們有更全面的了解。2017 年，我問一位捷普主管，他們的 InControl 系統是否有提供客戶自動化的決策功能。也就是說，InControl 系統除了會通知管理者有重要的供應商停止生產，並同時提供可以填補缺口的替代供應商之外，是否能進一步在無須等待人類允許的情況下，將重要零件的訂單切換到這個替代的供應商手上呢？

答案是，InControl 系統不會自動處理這樣的決定。它以即時數據的型態提供所謂的決策支援，但是將實際的決策與執行，保留給人類管理者。

「捷普會很快將自動化決策執行併入 InControl 系統嗎？」

「長期而言，有可能。」我被如此告知。「如果客戶想要的話，我們會朝著這方向前進。」

「實際上需要多少時間呢？」我問。

「再 18 個月。」

我問道：「不是開玩笑吧？」

「這是在已有上市軟體與可編程控制器的情況下，需要進行數百萬項工作的時間。但如果是由 3D 列印機來進行製造工作，不需要 18 個月。我們可以在 1、2 天內就完成編程。」

18 個月，或是 1、2 天！這就是當今最優秀的平台建造者所認爲的「長期」。

換句話說，工業平台可以掌管人類管理者的大部分功能，經營龐大製造業的那一天，即將到來。

工業平台爲製造業轉型所帶來的影響力既深且廣。它們將對已經開始成形的良性循環帶來推動力。當此循環加速時，善用積層製造優勢與工業平台力量的製造廠商，將獲得能量挹注，比對手更加茁壯，最終達到歷史上少有企業能做到的主導程度。積層製造與工業平台的合併，是製造業——最終也將會是世界上大多數商業型態——改頭換面的轉型過程。下頁表 5-1 對此有簡要的說明。

首批運作工業平台的公司

到目前爲止，本書已經詳述了新的工業平台是如何以及爲何將對商業有劇烈的影響，尤其是結合積層製造能力所能產出前所未有的範圍與規模經濟。但是我期望中成熟的工業平台概念，是否很快就會實現呢？

答案是肯定的。證據就是：已經有許多龐大、顯赫、備受尊崇的大公司，紛紛跳出來開發與善用未來的強力工業平台，以在領導世界的競爭中奪得先機。

已經被開發出來的捷普 InControl 系統，是協助推動製造業改革並從中獲利的領先工業平台之一。另一個正由產業巨人

表 5-1 製造業規則的改變：
積層製造與產業平台對製造業在經濟面的綜合影響概述

傳統製造業：效率優先	平台管理的積層製造：靈活度優先
使用標準化零件，以減低成本與簡化流程。	依據客戶需求與偏好而使用標準化、客製化或是獨特的零件。
產品以可輕易組裝的簡單、可變更的零件所製成。	產品一次製造完成，無須組裝，並容許內在的複雜度。
使用專業化設備與員工，以減低製作少量產品的成本。	使用可變通的設備與員工，以可負擔的成本，製造範圍廣泛的產品。
規模經濟減低營運成本；通常犧牲範圍經濟。	規模經濟與範圍經濟，透過智慧軟體與可變通的積層製造科技而結合。
高度資本密集對最小化勞動成本而言不可或缺。	較低資本密集結合最小化勞動成本。
陡峭的製造業學習曲線是進入的障礙。	軟體、人工智慧與機器學習促進的平緩學習曲線，使創新與進入新市場相對容易。
使用冗長的供應鏈，從便宜的產品與方便的工廠地點中獲得好處。	短供應鏈讓生產點靠近客戶，並且使交通、倉儲與庫存管理成本等最小化。
週期性發表產品，需要昂貴的再加工與行銷活動。	持續遞增的產品改良，消除了週期性發表產品的需求。
商業模式承擔高固定成本，以及一些變動成本。	商業模式承擔低固定成本，以及較高的變動成本。
供應鏈管理軟體奠基於傳統製造方式。	依靠平台運作的供應鏈軟體，合併實時透明性、分散式製造、來自商業生態系統數據的連續分析，以及積層與傳統製造方式。
以人為中心的組織，僅有例行任務自動化。	以卓越機器為主的組織，使用大數據與人工智慧，自動化許多分析性、管理性與策略性的決定。
製造業廠商以轉瞬即逝的產品與市場環境優勢為基礎，搶攻競爭性領導地位。	製造業廠商與產業平台連結，使用範圍與規模經濟取得自我強化的競爭優勢；體驗持續成長提升市場主導性的良性循環。

奇異在整合之中。

奇異的卓越製造（Brilliant Manufacturing）軟體，是他們還在計畫中的工業平台的基石。這個計畫中的工業平台擁有互相連結的工具與性能，使奇異得以與捷普共同競爭產業活動首要協作者的位置。奇異雇用了將近 2 萬 6 千位軟體開發人員，他們大多數都在位於舊金山、致力於軟體設計的奇異數位部門工作。目前的成果包括奇異的 Predix 營運系統，可以讓經由快速擴展的物聯網產生數位連結的機器，做到「產業規模分析」與「即時監控」。在該系統發行一年後，Predix 就被市調公司 Forrester 列爲產業網路最先進的平台之一。奇異如今正將「Predix 產品組合」軟體販售給他們的顧客，未來應該會有更廣大的市場。

另外，製造業的巨人西門子也正要打造第一個眞正的工業平台。西門子將傳統製造業者在過去 1 個半世紀中已累積的龐大基礎設施，結合了 3D 列印、數位控制和其他現代化工具，努力讓彈性與效率都有最大程度的改善。

成果包括西門子位於瑞典、價值 2,400 萬美金的 3D 金屬列印工廠，該工廠以雷射熔融科技爲工業用氣渦輪機製造零件。西門子也使用 Ultimaker 桌上型 3D 列印機，爲其鐵路自動化業務部門印製零件。這是將塑膠零件沾上陶瓷泥漿後等待固化的技術，當其固化並在爐內燃燒後，會燒掉塑膠的部分，留下一個有空穴的鑄模，可以在其中灌注已熔解的金屬。

西門子也跳脫生產場地的思維框架，重新思考整條價值鏈，將整個製程帶到更靠近客戶的地方。他們在數位企業套件（Digital Enterprise Suite）併入以雲端爲主的物聯網營運系統Mindsphere，這個系統使用的數據，來自產品生命週期的每一個階段，將設計師、供應商、物流專家以及營運管理者連結到一個單一無縫的流程。

如今，西門子正在積極改良這些網絡性能的數個面向。例如與喬治亞理工學院成爲合作夥伴，藉由推出新的產品設計、模仿手動工作環境的流程，以及發現有待改善之處，改良西門子管理產品生命週期的軟體。西門子也與 3D 列印界的巨人惠普公司合作，使其設計更易於列印，並提供新的設計自由度、客製化與速度。他們的目標是結合電腦輔助設計與製造系統，支援高階 3D 列印的設計與分析，包括開發出更輕、更堅固的產品，與合併零部件以減少產品組裝。

這些進展相當迅速。2017 年 9 月，西門子便發表了由惠普認證的 NX AM 軟體模組。惠普宣稱，此模組在控制環境下，爲其多射流熔融 3D 列印零件結合了「設計、優化、模擬、列印工作準備與檢驗過程」。這讓西門子在打造「數位化全球製造業協作平台」的努力上，前進了一大步。

其他公司可能也在準備進入工業平台這個賭金全贏的賽局。少有公司會公開他們想要廣闊發展的野心，但是那些明白平台的力量並能想像出它將如何改變製造業的人，可以從媒體與新聞報導所揭露的片段資訊中，看出企業是如何在這場賽事中競爭的。以下是一些案例：

3D 列印機製造商惠普。上文提過，惠普是西門子在打造平台上的夥伴，他們正在建造自己的延伸商業生態系統。2017 年 8 月，惠普宣布與顧問公司的巨人德勤（Deloitte）聯盟，目標是協助廠商「加速生產設計、快速生產、創造更具彈性的供應鏈以及優化製造系統的生命週期」。與惠普共同合作的夥伴公司，還包括 BMW、嬌生、耐吉、巴斯夫（BASF）等。

IBM 華生科技部門。致力在廣泛的產業與業務活動上運用人工智慧，提供多種使用物聯網來改善製造性能的工具。華生部門物聯網專案的核心產品，包括一項強化生產力的「工廠效能分析」（Plant Performance Analytics）工具、辨識與管理可靠度風險的「預見維護雲端服務」（Perspective Maintenance on Cloud）工具、改善產品穩定度同時減少勞動成本的「品質目視檢驗」（Visual Inspection for Quality）工具等。

聯合技術公司。為跨國製造業集團，2015 年的年營收超過 560 億美金。該集團投入了 7,500 萬美金，在康乃狄克州東哈特福德鎮打造積層製造卓越中心。許多聯合技術公司位於世界各地的子公司，都已經涉足 3D 列印領域。其中包括航太製造商普惠公司（Pratt & Whitney），其飛行器引擎生意與 3D 列印的領先者奇異公司相匹敵。不難看出，聯合技術公司的全球營運網絡，可作為自身工業平台的試驗場所。

達梭系統。這是一家法國的軟體公司，已經發表了名為 3DExperience 的平台。該平台為達梭在行銷、販售與工程等各領域的客戶公司，提供協作、互動、虛擬實境的環境，以進行

3D 設計、分析與模擬專案。客戶可以藉由遠端遙控的方式或是透過如達梭的 3DExperience 實驗室中心，使用 3DExperience 平台，並在達梭顧問的指導下，在特定的專案上使用 1 至 2 年的時間。

住友重機械工業。位於東京，和奇異類似，都是生產許多工業設備的製造商。住友重機械正快速占領積層製造的世界。2017 年 4 月，該公司買下位於麻薩諸塞州、於 3D 列印與機器人工學皆有突破性斬獲的 Persimmon Technologies 公司。其中最令住友重機械著迷的，莫過於 Persimmon 開發出的噴覆成型（spray-forming）3D 列印技術。這個技術用來生產電動馬達捲曲的金屬線，而這個金屬線對電動馬達的效能具有關鍵性的作用。Persimmon 公司宣稱它的新製造方法能夠「使更小、更輕的馬達具有更高的動能輸出與更好的能源效率」。如果住友重機械與 Persimmon 公司可以很快完成並使這個技術商業化，對許多產業都會極爲有利。住友重機械已經擁有延伸的軟體性能，例如，其智慧型運輸系統部門，爲亞洲城市管理複雜的車載資通訊（telematics）系統。不過，與奇異、西門子與聯合技術等住友早已視爲競爭對手的公司相比，住友重機械在工業平台的進展，就相對地小了許多。

以上所列的公司都是爲人熟知的企業巨人。其他雖然早已在積層製造圈中享有名氣，卻較不爲一般人所知的積層製造平台玩家，如：

Carbon 公司。稍早已經提過這家位於加州的 3D 列印機製造商，他們開發與持有連續液態介面生產這項高速科技的專利，並與軟體業的巨人甲骨文建立了夥伴關係，Carbon 使用甲骨文以雲端為主的企業級應用程式，為「每一位客戶（提供）360 度全方位視圖」。Carbon 計畫以甲骨文雲端平台經營人力資源活動、財務服務、供應鏈流程以及客戶體驗管理。如果 Carbon 選擇讓客戶可以取用這些服務，便將會形成一個發展中的平台。

PTC 公司。是位於波士頓的電腦輔助設計與系統製造商。PTC 公司的軟體 Creo，為設計、測試與產品原型的製造提供了改良做法。例如，Creo 提供的擴增實境系統，讓工程師在產品製造之前就能夠擁有「實物」體驗。如今，PTC 開發出一個稱為 ThingWorx 的平台，結合了 Creo 和許多其他先進的應用程式，使廠商可以利用內建的物聯網連結、數位感應器以及其他強化工具，來設計積層製造產品。此外，類似進階組裝延伸模組（Advanced Assembly Extension）的工具，可以藉由如透過為客戶捕捉設計上的要求，以及在設計流程中標記出未能符合這些要求之處，使分享多重設計與製造系統的資訊變得更為容易。

GKN 公司。是位於英國的工程公司，擁有專精於汽車、航太與粉末冶金科技的部門，正在快速擴展積層製造性能。包括與其他可以補足該公司專業的廠商建立夥伴關係等，如在 2017 年 10 月 GKN 與奇異簽訂合作備忘錄，兩家企業將分享在創新材料用途上的知識、最終成品的認證，以及其他積層製造的科技。在這項承諾之下，GKN 也在 2017 年成立一個新的品牌 GKN 積層（GKN Additive），此品牌將整合並積極推動該公司的積層製造措施。

雖然機率不高，但是某些不太可能進入積層製造平台世界的廠商，也可能跳進來參賽。以運輸倉儲界的巨人優比速快遞公司（UPS）為例，優比速早已在營運專精於供應鏈與物流服務的生意。該公司在美國也透過與服務供應商 Fast Radius 合作，在 60 家優比速商店中安裝了 3D 列印機，進行積層製造的生意。優比速也在歐洲與亞洲提供擴展中的 3D 列印服務，並計畫在德國科隆，以及新加坡或日本，建造積層製造工廠。優比速也與企業級軟體公司 SAP 形成夥伴關係。SAP 公司圍繞著物聯網建立、成長快速的商務組合，包括一個名為「SAP 分散式製造」（SAP Distributed Manufacturing）的軟體。我與經營 SAP 公司 3D 列印生意的策略副總裁艾倫．安林（Alan Aimling）談過。他向我說明，他們的首要策略性目標，是提供有助於讓 3D 列印與其他科技在世界上更廣為普及的網路與軟體工具。他也提及，分散式積層製造期望能成為優比速對抗亞馬遜的經銷與物流性能的方法。

這家以棕色運輸廂型車為著名標記的公司，是否也能夠在數位化積層製造平台上具有支配性地位呢？也許不會……雖然商場上確實曾經發生過比這更為離奇的事。我們絕對可以想像，包括優比速、SAP，以及其他具有互補性才能與資源的廠商在內的聯盟，可以在平台領導地位的競爭中，成為一個強而有力的對手。而與此同時，優比速巨大的運輸對手聯邦快遞公司（FedEx）加大了賭注，宣布一項稱為 FedEx Forward Depots 的合資事業，將使用 3D 列印提供即時零件生產、庫存管理和其他服務。

平台競賽中的每一位新進者，都具有來自原本核心事業的獨特長處。這些公司都有的共同點是什麼呢？除了透過強大的平台而串連的這份潛能之外，恐怕並不多。而這個以網路為主的平台，則能在未來建構起擁有強大製造能力的龐大組織。

例如，在管理為了提供多樣化產品與服務給廣大企業客戶而存在的複雜供應鏈網絡上，捷普擁有豐富的經驗，其 InControl 系統便反映了該公司在管理經驗上的優點。奇異最大的優勢，在擁有成功管理大型機器的悠久歷史，包括渦輪發動機、發電機、火車頭等，皆是奇異製造，再交由產業客戶操作。西門子則專注在開發與善用針對管理產品生命週期、強化從設計階段到退役後的設備效率與利潤。IBM 則帶來了他們在人工智慧領域的獨特性能，以及在協助建造與管理物聯網方面的經驗。而像是 Carbon 之類的公司，在最新的積層製造科技上擁有難以匹敵的知識，應該能使他們的平台在幫助顧客公司選擇、部署以及善用可獲得的創新工具的優勢上一展長才。

20 年後的今天，我們可以看看在這些公司之中，有哪些可以善用本身獨特性能的優勢，打造出具有領先地位的泛工業公司。如果過往的歷史可作爲借鏡，贏家與輸家的名單很有可能都會令人大吃一驚。

軟體界的巨人是否有能力參與競爭？

有個有趣的現象是，大多數人認爲是純粹資訊管理的公司，例如 Alphabet，已經展開突襲，進入積層製造、數位化製造或是打造工業平台的世界。但是這些與矽谷有淵源的公司，是否可以成功地競爭，打造出首批優秀的工業平台，就不一定了。當奇異、捷普、西門子以及其他公司以原有的製造業爲根基，開始他們的轉型時，Alphabet 也創立了一個軟體業平台，逐漸以多項製品補足性能。Alphabet 在這條十分不同的路上，呈現出獨特的長處與弱點。

Alphabet 核心的平台是 Google 的軟體，組成的項目包括雲端運算、Android 和 Chrome 操作系統、搜尋功能、YouTube、Google 地圖、網路廣告分析、Google 文件、社群網路、網頁瀏覽、即時通訊、Gmail 以及許多應用程式。用來補足或是借助於 Google 平台的項目是一系列的其他專案，包括 Google 光纖（超清晰數位高解析度電視與電玩傳送的超快網路服務）、Google 資本（投資於長期的科技趨勢，如大數據、財務科技、安全防護與數位學習）、Google 風投（對網路軟體、網路安全、人工智慧、生命科學設備方面創新事業的投資）、Google X（從事大型突破性進展的實驗室，包括自駕車、無人機、擴增實境、Google 眼鏡、網路連結用的高空氣球、機器人工學、人工智慧和類神經網絡）以及 Nest（安全防護與暖通空調用的智慧型家庭自動化產品）。

沒有人知道這些項目裡的哪些專案會成功或是失敗，但是很明顯地，Alphabet 專注於整合龐大的產品與服務，他們之間的關聯性是可以透過目前以網路爲主的平台聯繫在一起。要成爲一個泛工業平台的公司，Alphabet 必須爲雲端營運系統增加新的軟體，以涵蓋包括企業資源計畫、業務流程管理以及數位製造系統在內的功能。而且還必須爲了像是印製電子產品之類的工作，納入積層製造的性能，例如取得一座具有大量生產性能的列印機農場。這些延伸性發展，看來全都不在 Alphabet 所擁有的性能之外。

其他在高科技世界中領先的公司，也跟隨 Alphabet 的腳步，在與他們核心事業沒有明顯關係的情況下，涉足多樣性的市場與科技。亞馬遜正在打造一個雲端運算、網路服務與實體零售的大事業；蘋果正在進行自駕車的實驗；臉書正在投資 3D 列印的電子產品、無人機、人工智慧以及虛擬實境硬體；伊隆．馬斯克則正從汽車業分流進入電池業、航太業、人工智慧，甚至是開挖隧道。

如今，科技專家與企業界的權威人士，正掙扎著想將手臂伸長到由矽谷護衛的龐大勢力，如經濟、社會、文化甚至政治面之中。許多最近的書籍與文章都證實了他們在這方面所進行的挑戰。看起來，如 Alphabet、亞馬遜以及臉書這樣的商業巨人，已經朝他們希望成爲下一個新帝國的方向在努力著，而這個新帝國將與往昔的製造業世界有很深的連結。在努力征服龐大、獲利豐厚的新領域時，這些軟體業的巨人們將面對以往從未遇到過的，既資深、堅韌又聰明的競爭者。

事實上，製造業比資訊業更加錯綜複雜。確實，資訊科技業的巨人如亞馬遜，透過聯邦快遞、優比速與當地快遞公司運送實體完成品以及新鮮與易變質的食品給客戶，但是管理資訊與實體完成品的物流與倉儲，比起製作複雜的產品而必須協作的供應鏈來說，相對簡單多了。今日的軟體業巨人，並沒有能夠征服製造業相關的產業與生產知識。當他們見到數位化積層製造平台連結了廣大的廠商生態系統，以及他們不習慣打交道的政府部門時，他們將處在一個陌生的領土上。

現今矽谷中的一些巨擘，看似上述說法的反例，但其眞貌其實是虛假的。例如，當蘋果製造手機與其他複雜的電子裝置時，要記得，蘋果大多數重要的產品都是由位於亞洲的鴻海所製造。對於蘋果來說，要有效率地製造出自己的產品，是極爲困難的事。

同樣地，亞馬遜可以運用卓越的客戶介面與受歡迎的銷售平台壓榨零售商與製造商，是因爲在零售業界占有支配性的地位。當製造業的廠商開始使用自己的平台時，他們將擁有的選擇權，將可以削弱亞馬遜對大量買家的控制。

軟體業巨人在打造優秀的工業平台上會遇到困難，因爲要這麼做，必須要有來自對手的軟體，並與業界廠商形成關係，還要與數十年來早已涉入相似的供應面、法律面以及共有關係的製造業廠商們競爭，打一場難以致勝的仗。如果軟體業巨人試圖結合或是建立聯盟，以獲得在打造工業平台上所需要具備的知識與軟體，政府部門（尤其是歐盟）很可能會加以阻撓。他們早已憂心軟體巨人的「資訊壟斷」。歐洲與美國的監管機構已經開始關注軟體業巨人，如歐盟才剛對 Google 裁罰 27 億美金，而臉書也已經被鎖定。

更複雜的是，軟體業巨人已經利用輕資產的商業方式，急速獲得驚人的成長。製造業屬於重資產，所以軟體業巨人的資產負債表在主要收購面的呈現上，必定經過一番掙扎。這使他們更難以透過逐步收購的方式，建立其製造業的專業。他們仍然可以建立純粹以軟體爲主的工業平台，這樣的優勢能夠讓他們對大量廠商提供軟體授權，並以此享有來自大型市場的延伸收入。然而，缺乏製造業的專業度，會讓他們打一場硬仗。像捷普這樣從製造業基礎開始，逐步在軟體業取得成就，再在世界上推出平台，會容易得多。

與其說軟體業巨人占領了製造業的世界，倒不如說軟體業巨人可能會發現他們在自己的主場上，遭到來自具有軟體業專業的製造業廠商的挑戰。

有一個故事可以說明這是如何發生的。最近幾年，農人對於透過更好的資訊促進農收感到興趣。種子供應商孟山都的因應方式是投資軟體演算法，依據溫度、土壤溼度和其他因素，告訴農人何時要播種。強鹿公司（John Deere）與孟山都合作製造收割機以及可以收集所有必要資訊的設備，他們獲得的好處極多，得以向農人收取在拖拉機上裝載監測用軟硬體的高額酬金。

矽谷的公司也能做到同樣的地步，或許也向農人抽取類似的酬金，但是孟山都與強鹿已搶得先機。未來，工業界廠商比軟體業公司更有可能辨認出來自製造業世界的類似商機，因爲他們對客戶與及其需求具有豐富而深入的知識。

這些因素都使得軟體業的巨人難以迅速一舉攻下工業平台的市場。Alphabet 與其他矽谷巨人在未來的改革中雖然扮演了某種角色，但很有可能露臉機會不多，主要的角色可能將由在製造業已經深有根基的公司奪得。

看著捷普、西門子、奇異、Carbon 與 Google 等具備不同能力的公司，一起在工業平台領域中競爭，是十分有趣的。取得主導性地位的平台，將會對世界經濟產生極大的影響力。

這些具有潛力的工業平台全都會成功嗎？當然不可能。還有尚未被發現的新競爭者會進入這個賽局嗎？幾乎可說一定會有。隨著初期的產業成形，未來將會出現我們現在還想像不到的贏家和輸家。市場環境將會演變成什麼樣貌，也沒有人可以預測得到。然而，雖然無法預測特定參賽者在工業平台軍備競賽中的命運，我們卻能夠爲未來局勢勾勒出粗略的輪廓。

Chapter 6
以大致勝：泛工業時代的來臨

你已經了解，接受與採用積層製造的公司，在策略性優勢上會具有空前的寬廣度，尤其積層製造屏棄了範圍經濟與規模經濟之間的對立，使廠商可以善用兩者的優勢。於是企業能夠以過去被認為是難以達成的品質與效率，在幾乎是任何地點製造任何事物。

到目前為止都還算順利。對使用傳統管理系統的廠商來說，產品的多樣化與大規模的生產數量可說是魚與熊掌難以兼得，這便是新近發展的工業平台躍上舞台的時機。工業平台透過使用最新的數位化科技，進行通訊、收集資訊、分析數據並做出決策，可以使巨大又多元的企業營運擁有比以往更好的速度、彈性與效率。其結果是整個商業世界格局出現驚人轉變。

製造業的嶄新方式可以改變全球經濟的想法，可能讓人覺得陌生。對上個世紀甚至更久以前來說，大多數經濟上的劇烈轉變都是由其他產業的進階科技所推動，例如交通業（鐵軌、汽車、飛機）、醫藥業（抗生素、特效藥、基因療法）、通訊業（收音機、電影、電視）以及資訊業（電信、數位運算、網路）。相較之下，製造業的改變大多較為低調，而且是漸進式的。但是，也不是沒有發生過因為製造業的科技變化，導致經濟上的轉變的情形。歷史告訴我們，不論在任何年代，具有支配性地位的製造型態，對整體的經濟局勢都有深遠的影響。從18世紀開始，第一次工業革命讓歐洲與北美的經濟改頭換面，接著在全世界造成了翻天動地的巨變。這樣的轉變，主要是因爲製造方法上的創新：蒸汽機的發明使製造廠與工廠機械化，還有軋棉機、紡車、織布機等發展，以及在不同產品上（從軍火開始）使用可以互換的標準化零件。

當然，這些生產方法上的突破性進展，是藉由其他科技上的進展而擴大的。例如電報的發明因爲讓地區性營運點與總部之間可以做到近乎即時的溝通，導致企業層級的出現；運河與道路網絡的發明，以及鐵軌的普及，則使大量生產的物品可以被分送到廣大的地區。

其結果是，在1800年代之前，市場是分散的，小型公司在當地進行貿易，被挑選的商品透過傳統貿易路線流通，大型組織化的階級並不存在。到了1800年代末期，已經出現了容納數百萬顧客的全國性市場，也有了管理這些巨大的新興市場的多國商業組織。所有這些變化，在很大的程度上，都是因爲工業革命對製造方法所帶來的革命性變革所導致的。

到了1900年代，在數量的追求上出現了新的階段。亨利·福特和其他人開發出現代組裝線，能夠以前所未有的速度大量製造產品，滿足更大的大規模製造市場。巨大而集中化的廠房由廣泛分散的供應與經銷鏈輔助，帶來一連串經濟與管理層面的變化，包括出現了大型規模經濟、需要龐大的新金融機構爲龐大的新工廠提供資金，以及買方與供應商之間的公平交易。

這些改變帶來了巨大的衝突。經營這些巨大、複雜的公司極為困難，於是，能夠經營 20 世紀巨大新企業的管理階層便逐漸發展與完善。

業者在這些使新型態的組織得以有效運作的系統上進行實驗，如艾弗雷德·史隆（Alfred P. Sloan）在他 1963 年出版的回憶錄《我在通用的日子》中所說的那樣。像彼得·杜拉克等學者，對優化巨型企業的管理，發展出指引未來世代的理論模型。新型機構，例如商學院研究所與管理顧問公司，也站出來提供管理者經營大型新企業所需要的觀念與技巧。

我們再一次看到，工廠內的新科技所帶來的一連串變化，讓商業的本質產生了改變。

企業集團的興衰

但是到了 1960 年代，大多數直接專注於製造方法上的科技進展已經沒牌可出了。隨著廠商走到規模經濟的極限與垂直整合階段，商業領袖開始尋找可能從龐大的規模與管理層次結構中所衍生出來的其他優勢。大型而多樣化的公司，常可見其名稱帶有**綜合**、**合併**、**聯合**、**關係**、**綜合**等字眼。企業集團因為旗下擁有性質迥異的公司，因而享有多元化所帶來的好處，這種型態被認為是先進管理思維的縮影。

美國國際電話電報公司（ITT）的領導人哈羅德·吉寧

（Harold Geneen），人稱「併購天王」，他因爲直接「以數字」經營公司，被認爲是商業奇才。吉寧曾說：「只要你掌握從內到外的數字，電話、旅館、保險業，全都一樣。」這句話如果出自一位訓練有素的會計師之口，並不令人訝異，但是吉寧的魄力卻是另外一回事。他買下了 350 家公司，將 ITT 從電報設備的製造商，打造成跨國、多元化的重要據點。

在類似 ITT 的企業集團中，精明的主管會接手成效不彰的公司，導入世故的管理技巧與控制系統，然後以平衡良好的投資組合經營這些公司。某些具有利潤但是成長緩慢的部門會被擠出資金，用來投資其他能快速成長、利潤豐厚的部門。1950 與 1960 年代，總部提供低成本資本，在繁榮起來的市場中捕捉機會，產業的多樣性則使營收得以保持穩定。最強大的企業集團，例如奇異，擁有在不斷擴展的業務合併中促進管理上卓越表現的管理訓練中心和其他支援服務，以及最新的會計控制系統。

某些企業集團的理論家相信，跨部門的營運綜效可以提供額外的經濟效益，但是大多數從業人員最終都放棄了這個想法。曾擔任奇異公司副總裁以及後來漢威公司執行長的萊利．伯西迪（Larry Bossidy）曾告訴我，沒有關聯性的公司之間難以捉摸的營運綜效不值得花錢去追求。在伯西迪的觀念裡，由堅韌的財務紀律與專業管理推動的卓越財務成效，對企業集團存在的正當性才擲地有聲。

企業集團也透過其他較不知名的方式獲得策略性的優勢。

以吉寧爲例，他將外來公司視爲子公司的做法，讓他被公認是企業界的獨裁者。據傳在他的領導之下，ITT 涉足了從軍事政變到美國總統大選等一切活動。人們將吉寧與巴頓將軍、拿破崙和亞歷山大大帝相提並論。有人說他如果有機會的話，會買下整個世界。

其他企業集團霸占了美國大部分的經濟，使得反托拉斯法監督者、華爾街以及對保護民主有興趣的人士感到憂心。愈來愈多的證據顯示，企業集團之間的交集會使他們近乎合謀地**相互容忍**——企業集團之間爲了避免因競爭而出現損害彼此利益或股價的情況，因此默許的「冷和平」。而這通常會帶來較不積極的定價策略與非創新的行爲。

1960 年代一項反托拉斯的案例，便坐實了奇異在暗中與西屋（Westinghouse）劃分高低階渦輪發動機的市場區隔。奇異被發現在指導西屋進入較不偏重科技面的中小型發動機市場，並且還教西屋成爲「好的競爭者」，也就是待在「自己的利基市場裡」，並在奇異更能獲利的利基市場上減少價格與科技攻勢，也不要與歐洲和日本電力企業集團結盟以獲得更好的科技或是渦輪引擎生產的外包工作。這個同業聯盟（cartel）每年約讓消費者花費 1.75 億美金。1960 年代，企業集團便是如此威脅到了資本主義的本質及其對自由、公平市場的依賴。

其中少數巨人在美國仍然根強枝壯，包括漢威、3M、聯合技術、流體設備公司固瑞克（Graco）、全球螺絲製造大廠伊利諾工具公司（ITW）以及德事隆。奇異持續在經營他們的傳統企業集團架構，但目前也面臨投資者想要拋售手中部分持股，以及轉型爲更小、更專注的公司的龐大壓力。無論如何，這些公司都是 1980 與 1990 企業集團時代遺落下的散兵。華爾街認爲，企業應該避免廣泛的多樣化，因爲擁有大型總部、額外的管理層級、缺乏管理上的專注、不同部門間的文化衝擊、品牌混淆、內部交易、工作流程與會計方法上的複雜和不透明等，會帶來「非範圍經濟」。

華爾街的主張是對的。大部分多樣化的公司，包括 ITT 在內，最終都分崩離析，以比母公司更高的價值賣出。如今，**企業集團**在華爾街是個不受歡迎的字眼。少數仍維持著的美國聯合企業以「綜合企業折讓」進行買賣，而反托拉斯法監管者則是等著抓包任何可以讓政府介入並打散公司的不當行爲。

以多樣化達到經濟主導地位的理論就講到這裡。企業集團時代的結束，也代表經濟局勢不再是由那些在 1800 年代開始其家族企業，並在 1900 年代藉由發行股票建立了企業集團的菁英世家所掌控了。

企業集團的時代，可以被視爲是代表了組織 20 世紀大規模生產系統的終極企業結構。這個時代的結束顯示出那些系統的局限。只要將專注於傳統組裝線的巨大福特式風格工廠盡可能地高效化，將此組裝線與其他生意結合起來所得到的任何任何經濟上的收穫，將是最難以預測的。

如今，守舊觀念的賞味期即將過期。積層製造的到來與普及，以及可數位連結與控制各地生產營運的工業平台的興起，即將再一次使全球經濟改頭換面。企業將開始使用積層製造與數位化平台，以善用包括範圍經濟、即時變更、客製化、流程效率、複雜的產品設計、當地生產以及其他新功能在內的各種優勢。這些廠商將逐漸使用他們的數位平台代替市場與管理階級，並將帶來影響深遠的成效，這在過去是不可能做到的。

泛工業的到來：新一波以大致勝

最終，經濟上的理性思維讓我們明白，商業平台的增生和成長，以及它們所推動的擴展中，具有高度彈性又極有效率的積層製造系統，很有可能會演變成貪婪又不斷擴張的業界巨人，也就是我所說的**泛工業公司**。

泛工業公司可能外在看起來像是企業集團，但卻是以不同方式運作。他們將由監看、促進與優化營運的軟體平台推動，從產品開發到顧客配送，橫跨不同的產品線。與 1960 年代蔓生的企業集團不同，雖然泛工業公司需要在某種程度上專注於某個領域，但是和今日針對性更強的製造商相比，他們將可以在更廣大的領域中運作，擁有更大的範圍。這也是爲什麼泛工業公司環球金屬，可以將他們在金屬 3D 列印上的專業，應用在製造金屬設備、家用電器，甚至是汽車和飛機上。

這些不同領域的科技將會逐漸連結與融合。例如，想像一下現今用在核磁共振成像的科技，將會應用在工廠設備、航行控制、家庭安全系統與交通監測裝置上。逐漸地，曾經分隔商業範疇的界線將會變得模糊。最終，泛工業公司會發現身旁的競爭者並沒有明顯的差異，他們是在單一又巨大的泛工業市場中競爭。

這個觀點不只是推測性的假想。像是西門子、聯合技術或是奇異等公司，可能就是明天的環球金屬公司。這些公司近年來投身到積層製造的舉動，使他們成爲首批泛工業公司，以前所未有的彈性與效率製造數千種不同的產品，在全球各地爲眾多產業服務。這些企業已經挹注在軟體開發上的投資，預示了優秀的軟體平台將在泛工業公司的創立中扮演重要角色。

在頭幾年，很可能會分不出泛工業公司與往昔的企業集團有什麼差別。事實上，隨著亞馬遜、Alphabet 以及其他公司正在拼合形成未來泛工業公司的不同力量，已經有評論家開始思考，這些公司是否不只是披著高科技羊皮的過時企業集團。財務記者安德魯·索金（Andrew Ross Sorkin）便如此提問道：

> 對於亞馬遜（或 Alphabet，或任何新的企業集團）而言，問題在於，考量到這些企業在數位資訊上的根基，他們是否在根本上有所不同？尤其是當他們擴展到像是高檔超市一般的複雜實體營運時？
>
> 在大數據與人工智慧的時代，看起來迥然不同的企業眞的會類似嗎？一家公司的領導階層，是否可以看管這麼多門不同的生意呢？這家公司何時會變得太大而難以管理呢？

索金會有上述疑問是很正常的，但是他的懷疑正快速變得不合時宜。大數據與人工智慧，和積層製造、工業平台以及其他已討論過的科技突破，確實創造出新的管理環境，讓（某些）老舊的規則不再適用，或至少比以往更無法發揮作用。託這些趨勢的福，泛工業公司將在龐大領域中具有許多獨特的優勢，讓他們在利潤與效率上獲得往昔企業集團只能夢想的成就。

資訊優勢

有效率的工業平台持有者最終將成爲資訊監督者，他們的收入主要不是來自製造產生的收益；從使用平台的可用資訊，以及從我稱之爲泛工業平台的使用者那裡，他們可以賺得更多。平台持有者將可以取得大衆或甚至他們的平台使用者都無法取得的半祕密資訊，使平台持有者可以擴展，進入套利、仲介、私募基金、創投、借貸以及其他財務和商業市場的資訊服務。長期來看，這種動態透過提倡幾種商業部門的匯集，包括製造業、資訊科技服務業、通訊業和財務服務業，將有助於推動經濟的重建。

泛工業公司將不是首批利用獨享的廣大競爭性資訊以獲取豐厚利潤的公司。某些已經在這項商業模式上領先的公司，雖然較不爲一般人所知，但他們卻是世界上最成功的公司。以據說是世界上最大、獲利最多的私人公司之一嘉吉（Cargill）爲例，這家公司大部分由嘉吉與麥克米蘭（MacMillan）家族持有。嘉吉以中間商發跡，配備倉儲與交通服務，協助農夫運送穀物到市場。漸漸地，嘉吉打造出獨特、強而有力的平台，連結農業商品的買家與賣家。

作爲中間商，嘉吉比大部分的買賣雙方更能看出農業經濟的趨勢。嘉吉觀察顧客與大型食品製造商的購買行爲，將學習到的資訊用來爲那些顧客開發成分解決方案，例如創造出爲顧客提供獨特口味與口感、健康且減少生產成本的新產品。

嘉吉也利用取得資訊的機會，建立起買賣、採購、經銷穀物和其他農業商品如棕櫚油的生意，以及管理能源、鋼鐵與交通服務契約的貿易公司，和生產食物成分如油品、脂肪、糖漿與澱粉的廠商，還有飼養牲畜與生產飼料的公司，與其他出色的各種生意。嘉吉的觸角相當廣泛，如今該公司已經在 65 個國家持有 75 個生意部門，集結各種服務，爲食品與農業公司提供完整、多面性的客戶解決方案。嘉吉也擁有大型財務服務公司，管理商品的市場風險；2003 年還從財務營運中分拆出一部分，成立稱爲「黑河資產管理」的對沖基金，擁有 100 億美金的資產與負債。

嘉吉的領導者對他們錯綜相連的生意有著諸多洞見，而他們一向相當謹愼地看待將這些見解的價値最大化的策略。例如在 2013 年的一次訪談中，該公司執行長古瑞格．佩吉（Greg Page）解釋道，對於一家做農業生意的公司來說，參與鐵礦市場似乎有點反常，「除非你理解，在亞洲有大量鐵礦輸送，對於嘉吉其他貨物的海上運輸影響很大」。正是各門生意之間錯綜複雜的互動以及對彼此的影響，使嘉吉的公司網絡如此強大有力，獲利又如此豐厚。

嘉吉目前尚未涉足積層製造。然而，在如何將取得的資訊轉換成眾多利潤頗豐的生意上，嘉吉是一個耀眼的典範。工業平台持有者最終將對製造業經濟有豐富的了解，使他們可以純粹透過手中握有的資訊而創造出價值。

方式之一，是創造出在平台使用者之間以資訊爲主的商品和服務市場。

平台可能終究會與會員出價投標設計、生產能力或是經銷契約的交易場所相似，但和商品交換不同，工業平台將是隱密的。而平台持有者將擁有投標活動的獨特管道，這將給予他們不對稱的資訊，可以知道其他人所不知道的事情。他們將不只從交易的百分比中獲利，也將從販賣資訊、買進與再次賣出資訊，以及也許甚至是從在股票與債券市場中，利用他們獨有的資訊而獲利。

聽起來遙不可及嗎？但這跟臉書或 Google 收集使用者的個人資訊再爲廣告商重新包裝，其實並沒有太大不同。平台使用者可能會希望從這些資訊爲主的交易中分得部分利益，或是要求某種程度的隱私，但是在大多數的個案中，他們能發揮的能力有限。

泛工業公司將會是首批學習到創新設計或是新興顧客趨勢的公司。他們將看見瓶頸，發現尚未發揮過的生產能力，並偵測出各地原物料的價差。隨著物聯網的重要性愈來愈高，他們將自動收集來自數十億個安裝在產業機構內的相連感應器以及其他終端使用者的數據，進行運算，並且訂出最佳價格，也許享有透過套利而得的大筆利潤。他們也將數據用在許多其他用途上，包括設計出爲特定市場需求而量身訂製的產品、搶在競爭者前利用新興的積層製造趨勢等。一家泛工業公司擁有的資訊愈多，就愈能夠爲使用者創造許多價值型態，也就愈能夠趕跑對手。

資訊優勢能持久嗎？邏輯上來說是會的。這種情形在其他貿易實體，從紐約證券交易所到歐洲大型商業銀行，都持續了好幾個世紀。由於符合基本的人類需求：**人們永遠想要別人擁有的東西**，而使交易得以恆久持續。

更有甚者，泛工業公司將擁有傳統貿易機構難以匹敵的優勢，因著他們工業平台的資訊力量，大部分的公司，甚至是小型自造者，將會需要加入已建立起的大型泛工業平台。自造者可以嘗試組織自己的對手平台以保有更多利潤。但是即使他們可以招募足夠的自造者進入合作網絡，也不可能捕獲足夠資訊來保有競爭力。

同時，已建立的平台的使用者，基於參與較大、較佳網絡的好處，以及轉換數位檔案與生產軟體的轉移成本，多半不會脫離平台。歷史告訴我們，這樣的合作配置將愈來愈無法進行創新。假使已建立的泛工業平台足夠勤奮，從尚未穩固的平台中挑選出對自己有利的使用者，將會擁有強大而持久的市場環境優勢。當今主要媒體平台的永續性便指出了未來的方向。

由單一家核心公司掌控的平台以及其使用者公司的平台，

可能全都互為可用以及相互連結，例如微特爾（Wintel）與蘋果與時俱進的桌上型電腦操作系統。但是泛工業公司將會抗拒與對手公司互用互連，因為那樣他們會失去不對稱資訊的管道，而這個管道比微軟或蘋果從他們操作系統平台所衍生出的任何東西都要來得更棒。

速度與彈性優勢

大部分傳統企業集團在營運上的控制極少。每一個部門都有自己的研發處、工廠以及經銷網絡，鮮少與集團的其他部門分享供應商。總部主要涉足的部分是財務、管理上的發展以及擴展上的決策，因為需要知道很多的事情，才能在如此分歧的產業中做出特定的決策。

泛工業公司將會很不一樣，因為他們會依賴協調價值鏈中多數步驟的成熟軟體平台。傳統的供應鏈軟體無法處理如此多元的營運，它會被無數潛在可能的選擇壓倒。但是擁有先進雲端分析能力的平台做得到，不僅可以整合不同生意部門的價值鏈，在採購、生產、經銷與整體風險管理中也能做到節約。藉由協調供應鏈、優化生產計畫、最少化庫存持有成本以及加速原型設計製作與引進新產品，數位化製造平台得以減少成本。積層製造使這些流程簡單到可以隨機應變、即時進行。

任何一項行動都會因為平台將擁有更多有效執行的選項，而變得更有價值。對於生產面來說，積層製造將逐漸取代缺乏彈性、規模密集的減法製造，而平台將指示工廠何時該從流動緩慢的產品轉換成熱賣商品。工廠將享有比現在更高的利用率，這是製造效率的關鍵因素。

總部將利用平台集中大部分的供應鏈決策，最終也會將生產決策集中起來。個別部門的管理者能做的事情愈來愈少。慢慢地，泛工業公司將不太會再依據產業類別，而是更依據地理位置，來組織擁有靠近顧客以加速應變能力的更小型工廠與供應鏈。

有了先進的數位化製造平台，泛工業公司可以將工廠設置在靠近市場的位置，加以掌控。因爲每間工廠都可以供應廣泛的產品線，所以工廠也可以更小。企業可以讓工廠位於靠近顧客的地方，以更加了解顧客到底需要什麼。全球化工廠所製造出的標準化商品，無法滿足每個人的需求，但地區性的工廠則可以生產最適合當地的商品。這將有助於使經濟結構更貼切地反映顧客的需求。

泛工業公司的核心，將會整合並且改善他們在積層與數位化方面的製造性能。這代表泛工業商業模式將會持續進化。不同的泛工業公司，就算剛好在某些產業有所交集，也購入相同的 3D 列印機，也不一定會一樣。他們將會依據所進入的不同市場、整體的規模及其積層與數位設備所吸收的機器學習（machine learning），而有所區別。不論特定市場的需求如何隨著時間而改變，泛工業公司都具有更好的彈性與反應能力。

泛工業的速度與彈性優勢還有另一個相關聯的好處，就是減少對於契約、繁重的合約強制執行機制，以及對於產品與服務品質的勞力密集檢測的需求。配備數位化資訊系統的泛工業公司，可以即時與自動監督是否達成合規標準。長期下來，美國產業界性好興訟的情形可能也會降到最少。

創新優勢

泛工業公司將會透過他們對市場與顧客深度的了解，在創新上發展出優勢。他們也將從領先業界的積層製造科技所具有的創造力中，得到好處。我們已經討論過這些好處，例如可以提升原型在設計與製造上的速度、積層製造可以做到的新設計選項、輕易客製化產品的能力等。

將在未來數年內崛起的泛工業公司，也將擁有某些驚人的創新競爭力，而這是即使配備了 3D 列印機與其他科技工具的小型自造者與傳統製造商都不會擁有的。他們將享有的優勢，會讓人覺得有些悖離直覺。畢竟，傳統的想法認爲，由於大型官僚體系的緩慢，小公司通常比大公司更有創新能力。一般也會認爲，大公司天生就傾向於規避風險，他們甚至相當容易被**創新的兩難**所影響，也就是：成功的公司，會因爲他們在老舊科技上的投資規模、轉型所需要的高額成本、過去使用老舊科技所達到的成就，以及持續改良老舊科技到某種程度的可能性，而不願投入創新。

這些看法多少有些道理，但是泛工業公司將可以透過善用積層製造、數位製造，以及工業平台所提供的速度與彈性，克服創新的障礙。因爲設計與在市場中測試新產品都很容易，所以泛工業公司可以用適度的成本在市場進行大量測試；而因爲泛工業公司既大又爲人所熟知，還具有延伸的銷售鏈，所以說服顧客嘗試新產品並不會太困難。

同樣的彈性，也使泛工業公司可以輕易將創新的風險壓到最低。當一個新產品的點子浮現出來，它將會以積層製造的方式快速被製成模型與原型，然後以成本較低的少量產品，在一個或是少數幾個低數量、高附加價值的利基市場中進行測試。例如，新設計了一輛特別輕盈、耐用，又兼顧靈活度與堅固性的登山用自行車，就可以製造出數十份 3D 列印模型，讓具有高昂競爭心的自行車參賽者，測試任何被看好的創新項目，而不用太擔心成本。一旦得到認可，就可以用提升速度與減少廢棄物的進階列印方法，提高這款設計的產量，提供給較大的利基市場。如此一來，就可以藉由將生產地點移往靠近消費地點的做法，縮短或消除供應鏈的步驟。最後，在世界級自行車選手們聚集的數十個地點，從懷俄明州的小鎮拉勒米到紐西蘭南島的但尼丁，快速建立新款自行車的小型生產工廠。這將會進一步減少成本，並且使市場上的創新更不具有風險。

泛工業公司將可以比傳統製造廠商更容易執行也更負擔得起新款產品的轉換。一旦公司致力於積層與數位製造，便沒有什麼產品選項是極具風險的了。製造產品 A 的同一個以網路爲主的數位平台和 3D 列印機農場，可以快速並以最少的成本轉換成製造產品 B、C、D 或是 E；而如果產品失敗了，那麼這家泛工業公司可以將產能切換成製造顧客需要的某種東西。同樣的做法，也適用於市場上更大規模的試驗；積層製造技巧與材料將很有可能拓展我們今日所知的產業界線，讓試水溫的風險相對減小。

最後要記得，較短的供應鏈、位於當地的生產點、較快的整備時間，都能夠讓廠商更接近顧客，而這對有心成爲創新者的人來說是另一大助力。利用這些新製造科技優點的泛工業公司，將可以用驚人的速度了解並且回應顧客的需求。數位化的製造平台，將可以即時修改產品，以因應顧客的回饋或是安全疑慮。他們也可以發起共同創作專案，與顧客或供應商協作，改良新的產品設計、加快開發腳步、減少失敗的次數。

這些因素都會降低創新固有的風險，鼓勵泛工業公司持續生產新產品。有些會失敗，有些會成功，然而其淨效應可能是創造力的黃金時代，會爲顧客帶來驚人的好處，也會讓泛工業公司賺取龐大的利潤。

深口袋優勢

我所描述的工業平台，也就是那些可以管理即時最佳化複雜度的平台，所費不貲。除了最先進的軟體與硬體成本，也還需要執行與訓練的時間，以及將供應鏈與生產數據轉換成平台可以判讀的同一型態。泛工業公司能夠將這些成本分散到多種產業之中，因爲他們在其他地方的學習與發展，使他們可以更快速地在每一個產業的學習曲線中向下移動。他們將使例行交易自動化，建立起更豐富的選項來處理新的業務活動。他們也有能力投資機器學習領域，加快處理事情的速度。他們將比大量數位化中較不多元化的小型公司，更快實現效率、品質、進步與創新。

畢竟數位化不是一次性的決策，而是將軟體平台更加深入置於營運之中的緩慢過程。泛工業公司將逐漸搬開妨礙實現這些新性能的老舊架構，就像製造廠商在 20 世紀初讓工廠電氣化時所做的一樣。一開始，工廠只是將中央蒸汽引擎替換成電氣化引擎，但是最終，每個機器都擁有自己的電動馬達，並因此更有效率。

更好的類比來自 1950 和 1960 年代，當時新的會計與管理方式逐漸在美國經濟中普及。已經完美做到上述方法的企業集團，買下較小的公司並善加管理。市場環境最後也趕上同樣的水準，諮詢顧問與私人股本公司提供更好的服務。數十年來，企業集團因此而擁有明顯的優勢。類似的過程將會在製造業的數位化中重現。

這將只是泛工業公司享有的財務優勢的開端。由於泛工業公司的形成，結合了不同產業的多家公司，因此將比大多數企業享有更深厚的資本。而且，泛工業公司的財務穩定性，將會由老舊企業集團同樣享有的多元化效應而得到強化：可以進入不同市場與地理環境的機會，使泛工業公司更能抵擋暫時性或特定市場的經濟動盪，與接手對守舊的商業而言過於龐大的大型專案。因此，所有大型泛工業公司實際上共有的特徵是：他們都有很深的口袋，可以在有需要或商機出現時盡情取用。

即使直接面對最富有的商業巨人，例如 Alphabet、蘋果、亞馬遜以及臉書，深口袋優勢讓泛工業公司得以存活下來並持續茁壯成長。泛工業公司可以快速、果斷地回應從轉換市場而來的商機，例如當特定城市或地區進入快速經濟成長期，一家大型泛工業公司將可以在幾個月內為一連串的工廠提供資金，製造出一批批汽車、家電、家具、電子設備與其他產品，供給迅速發展出來的人口。當一項產品出乎意料地變得搶手，例如當手機、玩具或是裝置的特定款式需求迅速攀升時，財力雄厚的深口袋公司，將可以快速將當地數十或數百間生產設備轉換來製造熱門商品，所有急切的需求都可以得到滿足。

大型泛工業公司也會擁有為研究新一代製造業與數位資訊科技，以及獲得那些新科技之後在執行時所需要的資金。針對如駭客、恐怖分子與其他可能為了自己的目的，想危害積層製造軟體的人，大型泛工業公司也有開發強大安全性系統的成熟度與資源。最重要的是，有了可以在這麼多的市場中販售眾多產品的能力，與較小的企業相比，泛工業公司在新科技、流程或系統上的學習曲線可以攀升得更快。這有助於他們獲得先驅者的優勢、專有的智慧財產權，以及其他類型的商業模式所不容易累積的隱性知識。

聲望優勢

泛工業公司憑著他們的規模與能力，發展出聲望上的優勢。積層製造逐漸成為主流，原本祕而不宣的事情會更加廣為流傳，顧客自然會喜歡向財力雄厚與聲譽攸關其存亡的大公司購買。名聲顯赫讓科技和產品更容易被接受。而買家與供應商更想與大型、穩定的泛工業公司合作，而不想與可能隨時消失無蹤的製造商進行買賣。

泛工業公司會向想嘗試新科技的顧客提供重大的保證。他們可以在設計與製造商品上，對商品測試、品質保證、責任保險，以及其他消費者在考慮購買一項新穎或未經檢驗的產品時，會有興趣並感到安心的測試，都達到最高的品質與安全標準。人們自然喜歡向十分注重名聲的大公司購買。

簡而言之，泛工業公司將會極爲精明到不可能失敗，極爲靈活到不可能失敗，極爲有創新能力而不可能失敗，極爲富有而不可能失敗，而且極有聲望到不可能失敗。泛工業公司將會成爲任何商業世界都從未見識過，不可抗拒的強大勢力。

隨著泛工業公司的成長與多元化，傳統華爾街財務公司還會帶著他們認爲適用於老派企業集團的懷疑論看待泛工業公司嗎？是否有可能，積極的投資者、對沖基金，和像是銀行、留本基金與共同基金等機構，將運用影響力，透過代理權之爭或是在媒體上持續的評論攻擊，試圖打散泛工業公司呢？

確實有可能，他們有可能這麼做上好一段時間。但如果我對泛工業公司能夠發揮強大優勢的看法是正確的，明智的觀察家最終會很清楚，泛工業公司可以克服老舊企業集團的弱點，而聰明的投資者應該會選擇加入泛工業公司的陣營，而不是打擊他們。

乍看之下，未來的泛工業公司聽起來可能有點不眞實，但是他們的前身早已置身我們的世界之中，爲即將來臨的改革構成基礎——就如同白堊紀後期的恐龍，已經發展出中空的骨頭、羽毛、巢居行爲，以及其他未來牠們成爲鳥類時所會具有的特徵。

讓我們回想一下，部分正在努力成爲未來工業平台競賽新進者的公司清單。這份清單從製造業巨人到軟體公司，再到商業服務提供者等衆多企業。

這份清單的多樣化告訴我們，未來的泛工業公司可能會從核心業務迥異的衆多企業之中產生。有些可能發跡於代工合約製造商，像是捷普、偉創力或鴻海；其他有來自多樣化製造商的，像奇異、西門子或漢威；有來自軟體提供者的，像是 IBM、達梭或甲骨文；更有其他是來自消費者平台的，像是 Google 或亞馬遜；也有其他公司將來自於將數百或數千家企業連結成生產網絡的 B2B 交流市場（目前尚未存在）。

不論來源以及特定的企業型態爲何，泛工業公司將會逐漸在 21 世紀的新產業秩序中占據重要的位置。他們將盡可能在衆多市場中發展彈性與靈活度與他人競爭，建立起跨產業、跨市場、跨地理位置的影響範圍。率先掌握突破性的生產方法，並開發出能夠管理泛工業複雜性的電腦性能的公司，將會吸引特定類別產品中最大批的顧客。例如，使用金屬積層製造技術製成金屬商品的顧客。當個別的泛工業公司在這些競賽中勝出時，將會從獲得訪問權限的訊息流中得到額外的優勢。

成爲巨大而活躍的生產網絡中心的機構，將比對手更了解不斷演進的市場環境。因此，他們將比任何公司都能更快開發出更好的新產品，從而再次確立在更長期的市場中取得勝利。正如在第一次工業革命的幫助之下，產生了許多諸如杜邦、奇異、福特、柯達與美國鋼鐵等，支配商業世界達數十年之久的企業巨人一樣，泛工業革命也將創造出可能會長期掌控未來經濟局勢的巨人。

打破自造者迷思

我稍早已介紹過，泛工業公司勢力的崛起，廣爲流傳的迷思並不正確，也就是：積層製造的未來並不在自造者的世界。自造者是指在世界各地的小型工作室內，一次生產一些物品的小規模手工藝愛好者。

自造者迷思是一群 3D 列印熱衷者所宣傳的觀念，他們認爲 3D 列印科技是「使生產民主化」的工具。他們相信，3D 列印機將能使工匠生產出依據個別的創意想法而設計的訂製物品，因此迎來一個獨特商品的新時代，並將世界從大型企業的行銷與財務勢力中解放出來。這個觀念受到像是創新基金會（Fabfoundation）等機構的支持，鼓勵在世界各地在「製造能力的民主化」的名義下，建立許多小型的創新實驗室。他們的夢想是積層製造與相關科技將會使生產脫離巨大的公司，而落於數百萬尋常民衆的手中。

另一個不同但卻相關的趨勢，是製造業服務公司的普及，如 Xometry、Fictiv、Proto Labs、RapidMade、Forecast 3D 以及 Fast Radius 等，透過爲其他公司的需求生產零件或裝置，而使其製造活動「Uber 化」。在 3D 列印成爲全新科技，大公司卻對是否投資感到猶豫不決的時代，這些服務公司在提供專業、建議，以及能夠實驗新方法與處理小型一次性專案如原型設計上，發揮了其價值。這些服務公司對不需要或是無法負擔營運 3D 列印的小型企業來說，也極有意義。有些人從這些服務公司的成功，推斷在未來的世界中，大多數積層製造會發生在數千家小型、獨立的公司，他們爲設計與行銷產品的大公司代工。

這個對小型服務公司的推斷，與自造者迷思不盡相同，但是兩者有同樣的想法：都認爲獨立的個體與小型、獨立機構，將會支配新的製造業世界，從大企業手中奪下大半勢力與創新的能力。

就某方面而言，這是個很吸引人的預期。大衛打敗歌利亞的故事很有趣，畢竟，每個人都喜歡處於弱勢的那一方。但這個故事並無法反應未來眞實的產業世界。

自造者迷思忽略了許多在數億顧客的世界中製造產品的眞實面向——品牌、行銷、廣告，以及透過大衆媒體與社交網絡在全球散布販售訊息的力量。它忽略了有利於大公司的學習曲線，以及只有大公司可以獲取的不對稱資訊優勢與網路效應。

它也忽略了數位化製造平台在運作以積層製造爲主的供應鏈時，透過協作、優化與預測需求，可以爲大公司節約成本的事實。而且它還忽略了，口袋很深的大公司早已在3D列印上下了很大的賭注，以加速產品開發，這縮小了個體手工藝者在自造者運動初期所開展的創新鴻溝。

提供服務的公司與小規模的獨立創新工坊，可以藉由爲大公司代工而成爲積層製造主要場域的觀念，就長期而言頗爲短視。理由很簡單：擁有國內或全球市場的大公司需要能夠因應需求的改變，快速打造數十或數百萬件產品，這是就算數量多達上千家的小型製造商也難以企及的。

同樣也很困難的是，在數千家個別的供應商中，建立與維持品質的一致性與確切的標準。即使當軟體編程與列印機器都完全相同，但難以控制的變數，例如空氣品質、溫度、溼度、海拔高度、乾淨度與處理方式等，對生產上的細節會有明顯的影響，當要組裝來自不同源頭的零件，或是需要在某些標準程序中使用時，這些細節都會造成相當大的差異。

科技上的進展，包括設計用來監看與給予環境變數的改良版軟體編程，無法自己解決這些問題，人類總是扮演著關鍵的角色。只要人類喜歡走捷徑，例如忽視品管軟體送出的警告訊號，那麼將生產外包給數百家小型自造者就仍然會有風險。規模較大的工廠，由需要保護聲譽的大公司來組織與經營，永遠會是比較安全的賭注。

小型的3D列印廠商仍然具有其他競爭上的不利之處。大多數自造者可以負擔的列印系統較不突出、價格較低，性能也有限。更新、更強大的積層製造機器已經被開發出來，可以使用範圍廣泛的材料生產許多尺寸的產品，但是成本也不斷地攀升。相較於個別的實業家或小型新創公司，巨大的企業比較能負擔得起。

同樣的問題，在複雜的混合式產製系統上就更加棘手了。混合式產製系統不只包含 3D 列印機，還包括機器手臂、輸送帶以及根據確切的時間表移動物品的起重機台、先進的乾燥與完工系統，以及爲人工智慧編程提供數據的多重感應器。這些風格新穎的工廠，比傳統汽車製造商或航太製造商的巨大工廠要小得多，也不那麼昂貴，但卻遠遠超越了大多數在小型工作坊中進行操作的自造者的能力。

小型積層製造公司的不利之處，是許多在 3D 列印早期興盛的服務公司得以鞏固的原因之一。這些公司有些是被 Stratasys 這樣的大公司所持有。大公司的身分提供太多的競爭優勢，讓小咖玩家難以征服。

自造者迷思並非完全空穴來風。確實，小型又不貴的積層製造系統可以、也將由興趣愛好者與工藝族群，以多種不同方式來使用。他們所生產的某些商品將吸引利基市場，某些甚至可能影響更廣大的品味，正如低預算的電影與獨立流行音樂有時可以吸引跟隨的族群，形成預期之外的品味。自造者運動或可以這種方式持續興盛，給具有工藝頭腦的人們，提供一個支持與鼓勵他們努力的社群。同樣地，依據其他的需求而提供小規模 3D 列印服務的公司，也將持續帶來有用的功能，就像影印店對附近的小型企業與居民來說，是一個便民的列印服務供應商。

無論如何，光是想像一次只做出少數幾件商品的個別工廠，要成爲擁有數百萬人的市場的主要商品來源，就覺得不切實際。

18 世紀工業革命的來臨，以及世界人口的攀升與交通和通訊的進展，一起創造出 19 世紀大規模市場的時代。像是威廉·莫里斯（William Morris）以及其他所謂美術工藝運動的代表性人物，都在那個時代末期反對過大量生產，但是他們在減緩趨勢上所能做的實在有限。對於一次只做一個的生產方式的懷舊之情，無法改變今日全球經濟在數學上的現實；而積層製造的發展，長期來看，也無法逆轉歷史的潮流。泛工業革命的理性思維，以及它所發動在成長上的良性循環，會讓追求數大之美的驅動力勢不可擋。

Part II

當商業巨人統治全世界

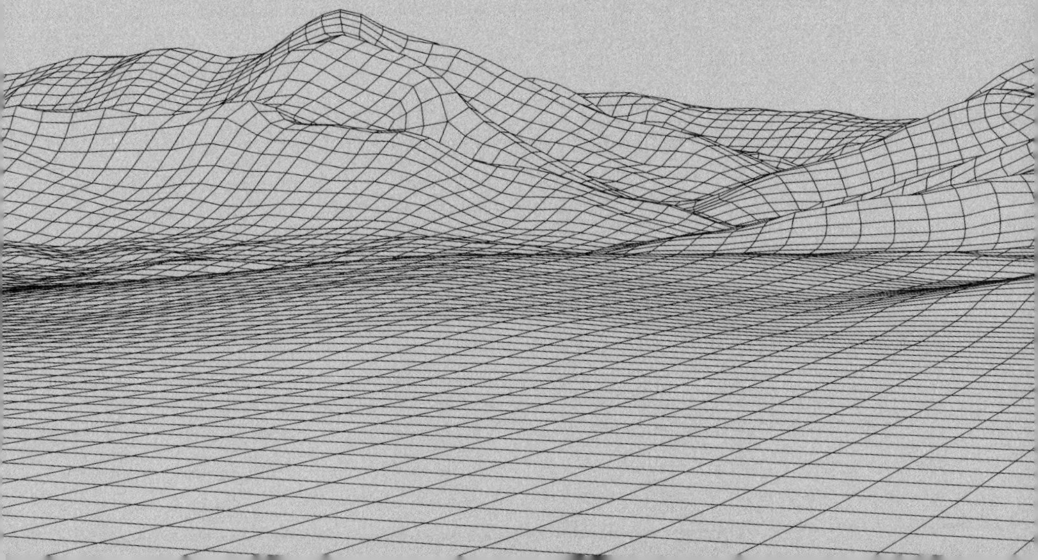

本書第一部介紹了改變製造業的新科技，包括各種積層製造的方式還有工業平台的崛起，也說明了這些新科技如何改變了製造流程與能力，讓許多產業能達到前所未見的規模與範圍。我們還探討了爲什麼這些新技術會造就新型態企業，也就是泛工業組織的崛起。

現在，第二部則要探究這些改變會如何影響競爭態勢。接下來的章節會讓你了解積層製造的能力及其所帶來的改變，終將影響經濟生態以及競爭的本質。我將說明未來會出現的各種泛工業組織及其特色，以及他們如何崛起與進化。

讀者將會了解，新製造時代裡最有影響力的企業，是因爲哪些特點，才會和過去數十年來稱霸商場的企業有所區異；爲什麼經過超競爭之後，傳統的「永續競爭優勢」觀念將逐漸式微，新的永續優勢會開始出現。我會分析未來數十年內，發生在泛工業巨人之間的新型態競爭，以及其他企業要如何在他們的陰影底下掙扎求生，並說明超匯流的新現象會如何在短時間內消弭企業部門、企業、市場與產業之間的界線。超匯流現象將會把全球經濟變成一片巨大廣闊的海洋，讓泛工業企業能自在優游。

最後，還會說明泛工業公司會爲民主政府帶來哪些新挑戰——回歸到鍍金時代，讓建立信任感和摧毀信任感的人不斷爭奪財富與權勢，還有像是失業率將攀上新高與全球貿易版圖的大地震。屆時，將是幾家歡喜幾家愁。除了上述挑戰，我也會論述泛工業巨人能夠創造的榮景與優勢。

Chapter 7
新角色：透視泛工業世界

2027 年 4 月 2 日星期四，上午 6 點，瑪麗・拉米雷茲的智慧枕頭開始輕輕震動，就和每個上班日一樣。枕頭沒發出太多聲音，就連瑪麗的貓都不在乎這細微的震動聲。但這個強度足以喚醒瑪麗，她向來淺眠。就和每個上班日一樣，她在 60 秒內就跳下床，走進廚房，準備開始她身爲環球金屬企業中央平台經理的一天，她的公司是全球成長第三快的泛工業公司。

瑪麗替自己倒了第二杯咖啡，金銀色相間的數位助理蹲在流理台上，她點了一下這個環球金屬的製品。「泰瑞莎，早安！」她朗聲說道：「今天有什麼要忙的啊？」

「早安，瑪麗！」數位助理友善的聲調中帶點義大利腔，「今天是 4 月 2 日，妳到環球金屬工作 5 年了。就職五週年快樂！妳今天的行程如下：先進行每日業務檢討。10 點要和設計管理人員開會檢視進度，看第三代衍生設計要如何實作。中午和彼得吃飯，他想要讓他的公司加入環球金屬的平台。策略會議要討論進入汙水處理設備業的可能性。再來是協助妳下個月參加日內瓦公聽會的輔導課程。」泰瑞莎暫停了一下，然後和平常一樣做出結論：「今天會很忙哦！就連妳這樣的大忙人也會覺得事情太多了，瑪麗。最好趕快把第二杯咖啡喝完！」

瑪麗笑道：「泰瑞莎，謝啦！回頭見！」說完便走出家門。

已經到職五週年啦——她自己都不記得了！瑪麗搭乘電梯下樓的時候回想起剛到環球金屬的第一週。她記得走到哪都看得到環球金屬的名稱和標誌。她這才發現，其實環球金屬無所不在，只是她之前沒留意。在她的公寓裡，從廚房裡的咖啡機和快煮鍋，到牆上的燈具和每個房間裡的螢幕，全都是環球金屬的製品。外頭，電梯的控制面板、街上的自動販賣機、甚至自動駕駛計程車的車牌，都屬於這個集團（微風車隊是環球金屬旗下的品牌）。她還記得自己的心裡爲此隱隱爲傲，她是這個大企業的一分子——整個組織在全球有百萬名員工，共同創造出現代生活不可或缺的產品。

瑪麗到了辦公室外頭，這棟以金屬、玻璃、水泥打造而成的曲面建築才兩層樓高，在科羅拉多州的丹佛市只占了一個小街口，上面也有環球金屬的標誌。對這種滲透力強大的企業來說，實在算不了什麼，但環球金屬在丹佛市就有 78 棟辦公室與廠房，供 8,000 名員工使用，她的辦公室只是其中一棟。瑪麗是全公司最重要的 20 位高階主管之一，她可以自行選擇最適合她生活型態的地點。因爲她熱愛滑雪與登山，所以選擇了丹佛。當然，她有將近一半的時間都不在家，要到世界各地去了解環球金屬的營運狀況。她也要定期到位於威斯康辛州密爾瓦基郊區的企業總部，參與高階主管團隊會議。過去，美國的工業重鎮連成了一條鐵鏽帶，密爾瓦基就和鐵鏽帶上的其他城市一樣，樂見泛工業革命帶動製造業的復甦，讓製造業起死回生，前景大好。

7 點 20 分，瑪麗坐在辦公室裡，面前就是宜人的山巒全景，她透過桌上的傳輸器再度連絡上泰瑞莎。她每天都會先登入環球金屬的全球活動平台。瑪麗辦公桌正上方的牆面有一面 24 吋寬的螢幕，顯示出平台首頁，1,100 個閃爍的亮點代表環球金屬在 140 個國家裡的廠址，不同的線條則代表原物料和成品輸送到不同的節點。

環球金屬在瑪麗剛進入的時候還只是規模較小的製造公司，她花了幾個禮拜才弄懂螢幕上所有的顏色、符號、模式。她現在只要看一眼就能解讀現況，甚至可以在登入後幾秒內就發覺哪裡可能會有問題或機會。她和平常一樣，先花上 15 分鐘檢查最大供應中心的供貨狀況與效率評等。綠色、黃色、橙色、紅色的亮點讓她可以馬上看出哪些供應商出貨順利，哪些有問題。這一天，只有 3 間工廠閃著紅光，需要她注意。瑪麗立刻一一檢查，很快地找出問題——這裡人手不足、那裡停電了。她口述一則短訊讓電腦聽打後發給當地的經理，建議他該採取哪些行動。目前沒有太棘手的狀況，她滿意地觀察著。

「泰瑞莎，請給我看昨晚調整後的產能報告。」

螢幕立刻變了。亮點和線條都消失了，換成一張簡化過的影像，上頭有 90 個亮點，代表著過去 10 小時內曾經改動過生產計畫的地點。瑪麗只要按下其中一個亮點，或對泰瑞莎說出工廠的名字或編號，就可以在螢幕上看到更多細節。大部分的改動都不大，是由全球活動平台根據市場價格變化、產品問題或經濟發展來自動調整。例如，西非的 38 座工廠裡有 6 間獲得指令，要將生產牽引機和其他農場設備改爲無人跑車，因爲環球金屬上禮拜發表了全新設計的跑車，結果需求遠遠超出預期。在雅加達，反政府的民眾上街頭抗議，讓進出環球金屬製造場的卡車動彈不得；那間工廠的產能移轉到了附近的工廠。

最需要瑪麗煩惱的是，北加州的土石流嚴重摧毀了一間工廠，那間工廠負責生產飛機零件、汽車引擎、洗衣機和其他商品。除了工廠之外，土石流也摧毀了不少環球金屬員工的家。當然，產能可以盡快移轉到其他附近的廠房，但瑪麗還有其他顧慮。「泰瑞莎，請確保我們有把糧食、飲水、藥品和其他補給品送到災區，員工都有地方可以避難。」

「已經搞定了，」泰瑞莎過了一會兒之後說，「無人機已經把 3.6 噸補給品送到當地高中，由我們旗下的加州社群互助非營利組織管理。環球金屬在 4 英里外有一間工廠，已經臨時改建爲避難所，有床、淋浴間，也有食物。臨時入住的共有 27 名成人、13 名小孩、6 隻狗、4 隻貓、1 隻鸚鵡。」螢幕上顯示出員工的照片，他們穿著黃色連身服，上頭有環球金屬的標誌。他們架起嬰兒床、卸下食物，把毯子和玩偶遞給滿是淚痕的小朋友。

瑪麗滿意地說：「謝謝，泰瑞莎，晚點請繼續更新進度。」

這個上午，全球活動平台的螢幕建議一項生產計畫的更動，需要瑪麗的注意。有個畫面閃了出來，有個看起來氣勢十足的少女穿著螢光綠色的運動衣和短褲，踩著 3D 列印出來的電動滑板，要跳上一個看起來不可能登上的斜坡。圖片旁邊的文字說：安潔莉娜．喬治斯庫在第一屆環球金屬滑板挑戰賽中領先了 29 分。這場比賽在 2 小時內就要結束了，如果安潔莉娜一如預期拿下挑戰賽冠軍，那她用的全新電動滑板——環球金屬的衍生設計團隊在 11 天內發表的雙軸曲板，一定會在市場上大受歡迎。全球活動平台建議歐洲與北美的 6 座工廠開始生產 5 萬組新滑板，在接下來 3 天內鋪貨到零售通路。「如果滑板搶購一空，」泰瑞莎說，「我們可以全球出貨，下週可望出貨 10 萬組。要這麼做嗎？」

瑪麗想了一下。喬治斯庫這個名字很耳熟，她點了一下安潔莉娜的照片，螢幕亮起來，播出她年輕時前往布加勒斯特、維也納和布拉格參加電影首映與畫廊開幕的照片。她當時的髮型很狂野，微鬈髮染成紫色。照片標題顯示，這名羅馬尼亞少女已經是當地的人氣王，有許多人追隨。瑪麗對泰瑞莎說：「把東歐的 3 間廠房加進去，產能再增加 2 萬 5 千個。改好之後，生產計畫就通過了。」

全球活動平台的螢幕暗了下來，瑪麗上午可以休息 5 分鐘，好好欣賞洛磯山脈的全景，她往後一坐，深深吐了口氣，回想著她加入環球金屬以來已經歷了多少變化。她上一份工作是在台灣的齊建零件擔任生產經理，她任職期間都在研究如何提升單一廠房的效能，例如機器要如何設置、生產線與供應路線要如何安排等。在環球金屬，這些問題都由全球活動平台的人工智慧工具解決了。現在，瑪麗可以集中精神面對更大的版圖——遍布全球各地的上千間工廠，其中包括她在齊建零件時管理過的3間工廠，齊建2年前也加入了環球金屬的平台。

10點了，瑪麗在當地設計管理團隊的3名成員來到她的辦公室，準備要開她今天的第一場大會議——檢視進度，看第三代衍生設計要如何實作在公司的全球平台上。另外6位經理則從波士頓、巴塞隆納、開羅、安哥拉、雪梨和上海，透過衛星連線參與會議。瑪麗知道這次會談到很多細節。全公司設計師都明白衍生設計的優勢——反直覺的聰明創新，超越人類想像，可以細微到分子的獨特生產能力只有積層製造才辦得到。安潔莉娜．喬治斯庫的新滑板就要滑向勝利，贏得全世界的掌聲，這就是最新的應用。環球金屬的人都感到很驕傲，他們能聰明又迅速地不斷創新，就和世界上其他的公司一樣，他們知道這都要靠衍生設計才行。

不過，第三代衍生設計的實作包括了全新產品和製造計畫——不只是零件——會由具備人工智慧與機器學習能力的電腦與列印機來發想、設計、打造……這點子讓環球金屬的資深設計師都緊張了起來。這一步是不是最終會淘汰掉充滿創意的**人類**設計師？

瑪麗仔細地聽著團隊成員一一報告進度。一如她預料的，結果很複雜。儘管沒有經理坦承地說到當地設計師的負面態度，瑪麗仍察覺得出來，第三代衍生設計遲遲未能上線，是因爲他們很抗拒的關係。半小時內，辦公室裡的不確定感和焦慮感默默地增加著。直到瑪麗請環球金屬在埃及的研究團隊主管漢尼．歐茲曼發言時，才有了突破。瑪麗知道漢尼是最熱心支持第三代衍生設計的人，她一直希望他的團隊能率先展現第三代衍生設計爲全公司所有人帶來的好處。這時漢尼要帶著亮眼的成績來支持她了。

漢尼花了 10 分鐘，描述他和他的設計團隊已經在過去 2 個月內完全採用第三代衍生設計。「結果很驚人，」漢尼一一回述，「全新的應用讓我們的創新能力增加了 40%。去年 2、3 月，我們推出了 78 種新產品。今年，在同樣的月分裡，我們推出了 109 種，而且品質更好！新浴室收納櫃、改良過的家庭垃圾壓縮器、飛機貨運倉儲系統等 7 項新產品，已經成爲當地市場的暢銷品。「最重要的是，我的團隊愛死了！ 3 個月前，我最棒的設計師——你們認識馬格地呀，在麻省理工念書時拿走所有獎項的聰明小伙子——說我們如果堅持採用第三代衍生設計，他就要辭職。但現在他可樂得很！他成天都在黃色平板上寫下他的創意，瘋狂地做白日夢，想像出各種產品挑戰讓電腦去實現。他很感激我逼他升級到第三代衍生設計！」

漢尼的報告立刻改變了會議室裡的氣氛。瑪麗可以看得出來，團隊成員臉上的懷疑和焦慮逐漸退卻。她對螢幕上的漢尼露出感激的微笑。「謝謝你的報告。」

「不客氣，瑪麗。」漢尼說完立刻眨了眨眼睛，彷彿是在說：**妳欠我一份人情哦**。瑪麗點頭，心中記下下次去開羅的時候要請漢尼吃一頓大餐。

會議繼續下去，現在氣氛好多了。瑪麗發現自己恍神了，開始想著接下來這天要處理的工作。她要和彼得共進午餐，他上回給她的印象很好，所以要讓他的公司加入環球金屬的大家庭。她已經打算好，要讓彼得認識她以前在齊建零件的同事，他們可以告訴他齊建在加入環球金屬的平台之後，公司的產能、速度和彈性有多麼大的成長。這時，她心想著，也要讓彼得認識開羅的漢尼．歐茲曼，這樣漢尼就可以讓彼得對第三代衍生設計產生興趣、躍躍欲試，他會知道環球金屬領先了其他泛工業公司有多少。

午餐完就是高階主管團隊會議，他們要討論新市場——汙水處理設備的市場，通常客戶是地方政府和大型設備公司。就和積層生技、奪標工程、全球物流、宏觀奈米建設、合成國際等泛工業公司一樣，環球金屬也經常在思考是否要讓產品線更多元。他們一定會問瑪麗的意見，看以公司目前的資產狀況來說，是否適合增加這個新產業。事實上，只能先試著做做看才會知道正確答案。瑪麗看過很多過度擴張的公司，所以她的立場相對謹慎，尤其現在新客戶群和環球金屬集團現有的客戶群截然不同。不過環球金屬集團現在有許多交通工具、基礎工程設備以及發電機械等，也賣給地方政府與大型設備公司，這讓她覺得，推銷汙水處理設備也是很自然的發展。她使用全球活動平台的經驗讓她有信心地認爲，這個平台可以輕易處理所有設計、生產和物流，不怕增加新生產線。下午的會議應該會很有趣。

在這一天的最後，瑪麗安排了兩項她最不喜歡的活動——

她 3 月要到世界立法議會的經濟活動委員會作證，所以她要先接受輔導。以前在研究所的時候，瑪麗選擇主修營運管理，因爲她不喜歡涉入政治。但環球金屬和其他泛工業公司一樣，規模和影響力都很大，各國政府不免覺得有必要監督、管理甚至控制這間企業的活動。泛工業公司則覺得有必要廣泛地進行遊說，來維護他們的權利，讓法律盡量對企業——尤其是泛工業公司——利益友善一點。所以當瑪麗獲得拔擢，加入環球金屬的高階團隊時，她的新主管，平台長菲力克斯．格蘭切利就岔題說：「當然，我們也希望妳可以擔任企業的門面，尤其是在解說我們每日的營運會如何影響當地經濟的時候。」

這五年間，瑪麗漸漸明白了那些話那是什麼意思：定期參與立法公聽會，見地方政府、各國中央政府和國際政府組織。這代表她要花很多時間做功課，也要經常出差；立法委員喜歡當面問企業主管問題，不喜歡透過遠距離科技。當然，大部分只是在演戲——讓選民知道他們的民選官員多麼「強勢」地在保護公共利益，避免泛工業巨人的侵踏。這都是泛工業公司必須付出的代價，他們和小公司比起來享受了更多經濟、社會和政治權力。

瑪麗的思緒飄回來到快要結束的第三代衍生設計會議中，「謝謝你們詳盡的報告，」瑪麗說，「我們下個月同一時間再來檢視進度，我希望聽到更好的進展。」但就在她的團隊成員要離開前，泰瑞莎的聲音打斷了會議。「瑪麗，不好意思，」她說，「你們有一位意外訪客——我們的平台長。」這時，螢幕上浮現了菲力克斯・格蘭切利的笑臉。他是這會議室裡所有與會者的主管。菲力克斯與眾不同，他有化學與材料科學博士學位，而且精通英語、德語、義大利語和西班牙語。從他左肩後方的辦公室窗戶，可以看到外頭隨風搖曳的枝椏上有個淡粉紅色的小花苞：威斯康辛州的春天快來了。

「早安，瑪麗！」菲力克斯用義大利文打招呼，「很抱歉打擾妳的會議，但我想妳和妳的團隊應該可以給我一分鐘。」

瑪麗集中思緒。「當然，菲力克斯。我想你要聽我們更新第三代衍生設計實作的進度吧。」

「當然！」菲力克斯回答：「但我們下次再聽吧。現在，我有更重要的事要處理。泰瑞莎，妳都安排好了嗎？」

「是的，長官。」泰瑞莎說完，辦公室的門就打開了，有個人穿著白色制服、帶著微笑、頂著廚師帽、推著推車走了進來，推車上頭有個粉紅色大蛋糕，做成數字 5 的形狀。瑪麗的 3 名團員立刻咧嘴笑了出來。「瑪麗，到職週年快樂，未來還有很多年要一起奮鬥哦！」菲力克斯大聲宣布。那人開始切蛋糕端給大家。

瑪麗又喜又羞，假裝失望地大聲說道：「菲力克斯，你最壞了，這樣會害我吃不下午餐。」然後吞下一大口蛋糕。

打破界線：泛工業公司的拓展邏輯

我在第六章介紹了泛工業公司，並說明爲什麼這種公司很重要。環球金屬中央平台經理瑪麗．拉米雷茲的一天，可以讓你從內部一窺泛工業的營運模式是什麼樣子。現在，讓我們退一步來想想泛工業公司的幾個重要特點，以及他們和其他大型企業的差異。

泛工業企業有三個特點：

- 業務橫亙不同產業；
- 大部分的產品都要倚賴積層製造；
- 靠數位平台來聯繫泛工業的工廠，並維持產線最佳化。

這些特點讓泛工業公司可以擴大各種活動，在不同的部門間達到超乎平常的協同作用。相對地，傳統著重在單一產業的公司沒有這些特點。企業集團在不同產業中營運，但他們不需要用到積層製造，也不需要一個平台來調整不同部門的生產計畫。企業集團嘗試要協調不同產業內的生產計畫，但若不是徹底失敗，就是發現成本比收入還高。

投資了工業 4.0 的企業，雖然運用人工智慧、全效機器人以及物聯網等新科技，但他們很可能從來沒用過數位平台來優化產能。現在，製造廠不分大小都會使用複雜的資訊系統來監控並調整營運狀況，但是這種系統沒有辦法真正優化泛工業的營運。

對於科技巨人如蘋果、亞馬遜、Alphabet 和臉書來說，平台當然是核心，但這些公司是利用平台來優化他們的行銷與業務工作，不是製造能量。你可以說他們用平台來產生價值極高的服務，像臉書的用戶產生了內容，但這是以資訊爲基礎的平台，而非以生產爲基礎。

你也可以看得出來，這些企業類型中沒有一種是泛工業公司，因爲他們都不包括剛剛提到的那些特點。

泛工業公司要利用多元化生產的優勢來營運。他們不會只利用很接近的產業來達到規模經濟。他們會著重於製造（而不是資訊商品與服務），並依照商品類別投入專業。一間泛工業公司可能會集中於消費者產品，另一間則著重於高科技電子產品，另一間著重於重工具，專門提供給其他企業用戶。有些泛工業公司可能會發展某些特定材料，我們虛構的環球金屬就是一個例子。

2018 年，只有少數公司正開始要具備上述那些特點，可轉型爲明日的泛工業公司。沒有企業眞的完全利用這些特點來創造出規模經濟，爲未來的泛工業公司開創出經濟霸權。但泛工業公司的經濟與策略邏輯已經很清楚了。這邏輯的一個關鍵元素就是要打破邊界，不再被邊界所定義或限制。

現在多數人還有一種很直接的企業觀，認爲大部分的企業可以用一個品牌或單一商品來定義。在簡單的企業世界裡，福特等於汽車，星巴克等於咖啡，康威士等於布鞋，樂高等於玩具積木。再廣泛一點說，企業等於是一種相關的產品，賣給同樣的市場：寶僑等於肥皂和其他超市裡買得到的居家用品，凱薩衛浴等於裝潢時要用到的水槽、馬桶、水龍頭等，索尼等於電視、電玩、相機和其他電子商品，賣給想要找娛樂系統的一般消費者。很多成功的企業都靠著這種淺顯易懂的線性模型來發展。

但現在，商業世界漸漸由其他企業占領了，他們的產品、市場和活動很難簡單地定義出來。市場、品項和企業型態的邊界模糊得很快，可以自由穿梭到極度競爭的類別裡，或許他們以前還對那個類別躑躅不前。

有些明顯的例子來自網路世界：亞馬遜已經不只是「網路雜貨店」，而是在電子裝置與企業雲端運算服務的市場裡成為要角；Alphabet 以 Google 的搜尋引擎為核心，但現在還包括了無人機運送服務與無人自駕車。

邊界模糊這一點不僅止於網路世界，愈來愈多企業也都模糊了邊界。很多工業公司都在利用聯盟、投資和夥伴關係，建立複雜的生態系統，以獲取資源、資訊和市場，否則就會活不下去。如之前所介紹的，捷普就是一個很好的案例。捷普和愈來愈多的企業合作拓展關係，進入不同的國家、開發不同的技術領域、獲得不同的生產製程、舉辦不同的活動、拓展不同的市場。

還有很多案例可能會讓你大吃一驚。例如，你可能一直覺得像康寧這樣的製造大廠業務很單純：康寧等於玻璃。這間公司成立於 1851 年，原稱為海灣州玻璃公司，在接下來的 100 多年內，康寧玻璃製造公司（1989 年以前的名字），因為開發出許多玻璃的應用而聲名大噪，包括了愛迪生第一顆燈泡所用的玻璃，還有利用玻璃陶瓷開發出來的百麗耐熱玻璃廚具。

不過，現在康寧公司利用投資，建立夥伴關係，已經參與了汽車催化器、光纖電纜、幹細胞研究、無線網路天線和導彈的彈頭等。同一時間，康寧繼續發展玻璃相關產業——例如蘋果 iPhone 的觸控式螢幕就是由康寧供應，所以康寧仍然等於玻璃，但也等於很多不同的品項。

同樣地，你可能會以爲萊德系統（Ryder System）很單純：萊德等於運輸。但今天，萊德已經和很多公司形成夥伴關係，如德爾福汽車、美國豐田通商、富及第（Frigidaire）、曼斯菲爾德潔淨能源（Mansfield Clean Energy）等，他們攜手打造科技與管理解決方案，來處理物流、倉儲、能源效率與自駕運輸工具的問題。萊德仍然等於運輸，但也積極擴展到邊界以外，提供更多種服務。

其他企業也利用同盟來打破地理與產業的邊界。以日本最大的行動通訊公司 NTT DoCoMo 爲例，在傳統的角度裡，DoCoMo 等於日本電信服務。現在 DoCoMo 的夥伴包括了 Google（DoCoMo 用戶可以收看 YouTube 節目）、任天堂（開發並提供電玩遊戲）、奇異（開發物聯網工具結合兩間企業的科技）。此外，DoCoMo 也創立了一個國際電信網，包括台灣的和信電訊、巴西的東南電信（Tele-Sudeste）、馬來西亞的優電信（U Mobile）與印度的塔塔電信（Tata Teleservices）。在這個邊界模糊的新世界裡，DoCoMo 不再受到國界的局限。

這些打破邊界的企業代表了未來——此處敘述的科技會讓未來成眞。積層製造系統和新興工業平台，會讓這些進步迅速而且資訊豐富的企業如捷普、康寧、萊德、DoCoMo 等，都能成爲泛工業公司。

泛工業公司的顧客、供應商、經銷商和他們集團內部的公司，構成了生態系統，泛工業公司可以管理這生態系統，讓顧客取得服務、了解製造體系，並讓集團內的公司取得服務與資訊。這些泛工業公司會著重於發展成緊密連結的組織，有從上到下的階級制度，由中央指揮管理。中央組織常見的缺點他們也有，如決策短視的盲點或是從總部控制公司的團隊在做決策時不免會有的缺陷。最重要的是，他們高度整合且非常敏捷，可以靈活地面對市場變化。

未來 10 年內，新興的泛工業公司可能會有以下這些獨特的型態：

泛工業公司。指單獨的公司，利用工業平台來打造彈性的供應鏈與有效的企業生態系，讓產品品項更多元，超越目前任何企業的能力。

泛工業聯盟。由獨立的企業組成鬆散的網絡，共用同一個工業。

泛工業集團。緊密相連的企業實體，集團旗下的企業共用同一個工業平台，由中央負責協調整個集團的策略、行銷、金融目標。

讓我們一一認識這些企業架構。

泛工業公司

未來短期內，泛工業公司會分階段出現，開始緊密整合現有的企業生態系統。第一階段是企業會開始採用積層製造、數位資訊技術和控制工具，以及其他創新的科技來拓展製造能量，產能突破以往，然後就會出現**泛工業公司**——利用積層製造與工業平台，讓產品品項更多元的單一公司，超過目前任何企業的能力。

在泛工業公司裡，原本不同領域各自為政的架構會逐漸消失，那是傳統企業的特色。泛工業公司裡以功能為取向的部門會逐漸合併，例如研發、行銷、產品發表部門會匯聚成一個營運單位，因為產品會持續地改進，而不是依照「季節」或開發週期來發表產品。在泛工業公司裡，不會由不同的團隊分別設計新產品再一一推出，而是會雇用一個擁有多種職能與才華的團隊。藝術家、工程師、城市設計師、顧客介面專家、行銷人才、業務代表、服務專員等，共同透過軟體工具網，協力打造出新的產品設計，迅速推出多種原型和樣品進行市場測試。

現在的產品開發流程都要好幾個月，而且有很多行政程序，要確保產品能順利地從一個部門移轉到另一個部門。在泛工業公司裡，產品開發的流程可以縮短到數天或數小時內完成。因此，新產品可以用前所未見的速度進入市場。同樣地，目前分開來運作的部門都會緊密地整合在一起，成為一個單獨的部門，效果更好。

全球供應商捷普提供數千種產品與複雜的服務，讓我們得以一窺新興的泛工業經營模式。其他世界各地的泛工業巨人如美國的福特、奇異、聯合技術與日本的住友重機械工業株式會社、德國的西門子已經有所作為，顯示出他們打算走同樣的道路。他們投資 3D 列印和其他影響未來製造業的科技，如機器人、感應器、物聯網等。他們在開發各種打造工業平台所需要的工具和系統，可以連線並組織、協調各地廠房的作業。就像我們看到的，不少矽谷的巨擘 —— 就像改裝版的 21 世紀企業集團 —— 都在布局，準備加入泛工業的戰場。

有一句古老的格言說，預測未來最準確的方式就是開創未來。無法開創未來的人，只能接受競爭者創造的世界。今天幅員最廣大的企業巨人一定會創造未來。他們預見了未來能量將極度匯聚，市場和產業邊界可隨意穿梭，擁有分析與壓縮數據能力的企業可以在不同行業裡經營。這就是為什麼他們要找好立足點，互相競爭，成為第一個成功的泛工業公司。

泛工業聯盟

泛工業公司的發展，只代表泛工業未來的第一階段。在第二階段裡，泛工業公司將會形成鬆散的群體，共同利用一個工業平台和其他資產如市場數據與金融資源，目的是要擴展平台，連結他們生態系統以外的企業。這些群體會構成我所謂的**泛工業聯盟**。

泛工業聯盟裡面會有一間擁有並控制工業平台的公司，再加上其他獲選或獲邀加入平台的製造商，一起使用平台。擁有平台的那間公司可以邀請其他公司加入，也可以剔除聯盟內的公司。使用平台的公司獨立運作，只授權核心公司擁有的部分權力。他們有自治權，可以獨立運作或和其他聯盟內的公司合作，因爲股權獨立、營運獨立，各有其管理階層與董事會。

這些公司加入平台後會擁有許多優勢。要打造、維護、更新一個眞正有效的工業平台不容易，把這份工作委外可以降低成本，因此吸引了不少製造商。

泛工業聯盟也可以當這些公司的試驗場。聯盟會投資建立「系統的系統」，讓所有會員公司可以無縫連接。漸漸地，這個聯盟可以提升「系統的系統」的能力和彈性，打造出讓會員覺得愈來愈好用的平台。平台能做的事情愈多，對擁有平台和使用平台的公司來說，價值就愈高。

擁有平台的公司可能會販售或出租他們的平台軟體，按交易收費或收取服務與軟體的月費。若要使用聯盟的專利庫或設計庫，則需要另外付費。擁有平台的公司會有核心軟體平台。聯盟可能會有積層製造的設施、品質標準和科技知識，供會員使用。會員公司可以獲得許多軟體與服務，自己選擇需要的來用。舉例來說，會員可以選擇要不要利用平台人工智慧和機器學習的能力——但這可能要另外付費。

聯盟除了和會員建立「最優惠顧客」與「最優惠供應商」的策略關係，也會建立其他能創造價值的連結。舉例來說，擁有平台的公司可以獲得會員公司的大量資訊。這個數據有龐大的潛值，就像 Google 在收集、轉賣的用戶數據一樣。資訊共享的方式可能由聯盟來規範或依各個會員的合約而定，機密程度與數據存取權限則要聯盟會員透過協商談判來決定。

其他企業可能用比較局限的方式連結平台。舉例來說，會員公司的供應商和經銷商可以直接把資訊系統連上平台，來管理擴大的供應鏈。

你可以看得出來，泛工業聯盟不是一個緊密的同盟。聯盟沒有共同的目標，只是共用平台資源，讓會員公司和擁有平台的公司都更好做事。

有些擁有平台的公司會選擇永遠維持聯盟的架構；但是對有些公司來說，聯盟只是一個過渡期，他們會打造出下文這種更緊密的組織：泛工業集團。

泛工業集團

最終，有些聯盟會進化爲緊密相連的企業實體，我稱爲**泛工業集團**。

泛工業集團圍繞著一間核心公司，由這間公司來擁有並管理連結其他公司的工業平台。和泛工業聯盟裡擁有平台的公司相比，泛工業集團裡的核心公司擁有較多權力。核心公司會發展整個集團的策略、市場與金融目標，扮演中央主管機關的角色。核心公司擁有平台，可以邀請其他公司成爲集團會員，也可以讓會員進入積層製造供應鏈，獲得其他加值服務——聯合採購、上網出售廠址、共同行銷、共有品牌、聯合研發、共享融資機會等。

已經有一些企業集團展現出部分的特點。以奇異爲例，該公司的財務部門和透過訓練課程分享管理與科技策略的能力，已經延伸到該公司的企業大學克勞頓（Crotonville）以外。康寧還投資新創公司，幫助他們取得資金進行研發，並和其他策略目標一致的公司分享資源。康寧也是未來可能轉變爲集團的公司。

不過，如果這些企業同盟演化成眞正的泛工業集團，目前的指揮體系是不夠的，他們會需要更高層的中央控制，才能夠擁有我們今天所無法想像的營運效能與其他優勢。

泛工業集團和泛工業聯盟的營運方式非常不同。集團會尋找利益相近的公司，這些公司爲了共同的訴求與合資而願意直接合作。核心公司可能會利用積層製造的能力和工業平台，來成爲會員公司的外包商或承包商。這樣一來，核心公司就可以整合重要會員的供應鏈與經銷通路，以獲得規模經濟、提升服務規格、加強品質控制，取得價格優勢和各種好處。

核心公司會控制集團裡的會員制度，設定會員公司要繳交的費用，驗證會員產品與製程的品質，以確保他們會持續使用平台。不過，核心公司對每個會員所擁有的權力，會根據以下幾項因素而有不同的調整：會員的規模與特色；會員能爲集團帶來的價值；會員和其他會員之間的聯繫；會員對於中央主管組織的服務有多強烈的需求。

會員之間的彼此聯繫與互動，或許不需要透過中央平台，核心公司可以減少他們在互動時的摩擦與交易費用，進而增加這些互動的價值。舉例來說，核心公司會監控會員，要求他們的物流、品質和各種標準都要符合規定。核心公司也可以替會員化解衝突，降低會員間溝通協調的成本，例如增加信任感、簡化合約、降低訴訟量。這個程序可以參考現在美國運通爲客戶化解衝突的方式。如果美國運通的會員碰到了交易問題，可以透過核心公司，也就是美國運通，讓該公司以仲裁的角色，事先取得各方共識的規定來化解糾紛。若賣方反覆違反規定，就會被踢出美國運通的服務網，這項威脅就足以讓多數企業都乖乖按照規定行事了。同樣地，泛工業集團的會員爲了維持商譽，繼續獲得集團內無價的服務與資訊，也會願意公平負責地和其他會員公司互動。

泛工業集團裡的核心公司可以提供會員各種金融服務，諸如貸款、公開募股、注入股權等。因爲核心公司擁有如平台使用量、原物料存量、零件與商品庫存等大量的會員即時資訊，便可以即時以產品、零件、材料、產能來套利。核心公司可以根據這些資訊提供金融衍生商品、期貨、股票出售權和其他交易類別，讓會員避險，或避開生產的高峰與低峰。核心公司也可以將即時資訊賣給仲介，在集團內部建立一個規模較小的金融市場。

核心公司還可以透過其他方式爲集團增加價值。例如，核心公司可以擔任**指揮者**，找出商機並且在集團內建立專屬供應鏈。這樣的情形已經出現在義大利的**工業聚落**了。在這些區域裡，許多關係相近的企業結合產能，大量製造並且提供各種商品，而能在國內的產業裡稱霸。核心公司可以用自己的資金成立創投委員會，募集會員的資金或甚至對外募資。委員會可以選擇有利於集團的項目來投資，舉例來說，或許是集團會員建立了新的產品標準，開發了會員可以運用的新科技，或發明了結合不同會員科技的新產品。

或許最重要，也最難定義的是，核心公司會是整個泛工業集團的重心，要負責整個集團的興衰成敗。如果有很多會員公司依賴的資源短缺了，核心公司必須要找到供應源，或投資替代品。如果有個重要的經銷通路受到政治動盪或暴力威脅，核心公司要確保通路的安全。如果有危機發生了，會傷害集團品牌的價值，核心公司要採取公關處置來保護品牌。

何種模式最好？

從以上分類可以看得出來，上述這三種泛工業結構各有強弱，每一種都有不同的優點和缺點。泛工業公司最容易控制、協調所有的活動，因爲所有的部門都在一間公司裡。這個單純的企業架構也有弱點，例如企業的規模會受到限制，因爲一間公司即便再大，投資額還是有限。

泛工業聯盟的架構會吸引很多公司，因爲相對自由。使用聯盟工業平台的會員可以自行挑選他們要添購的服務，還有他們想參與的活動。這樣的彈性會吸引想要獨立運作的公司。不過，這種彈性也會限制聯盟的成長，因為聯盟無法協調會員之間的活動，以達到經濟優勢，在泛工業市場中勝出。這種彈性也會限制聯盟的政治與社會影響力。由公司組成的鬆散團體可以共用工業平台，但想法紛陳，力量就不夠強，不如一個強大統一的企業實體。

泛工業集團比聯盟團結。集團會有包括財務力量在內的規模經濟，可以在廣大的泛工業市場裡行使強大的權力。因為核心公司會為整個集團制定企業與財務策略，所以集團能有較強的企業識別和政治存在感，可以施力。

基於上述理由，在接下來的數十年內，新興泛工業集團很可能成為地表上最強的經濟實體，對於全世界的經濟與社會潮流有深遠的影響力。

平台擁有者不容易管理泛工業集團。要讓所有公司和諧一致地行動，一定要像訓練一群貓一樣，給企業合作的誘因。當會員公司的利益，和平台或其他會員的利益發生衝突時，化解歧異並維持各方權力的平衡會相當耗時。

在我所描述的泛工業世界裡，不是每間公司都會進化為泛工業組織。有些會維持今日的面貌：他們會繼續製造特殊設計的商品，服務利基市場，並透過傳統通路行銷。不過，隨著時間演進，很多公司會逐漸凋零，被泛工業公司收購或加入泛工業聯盟、泛工業集團。這些公司要在新紀元存活下來，就必須做出選擇。泛工業組織的規模和權力日漸增長，許多傳統企業必須把重點放在吸引泛工業組織的興趣，然後在泛工業體系裡盡量獲得權力。奇異等公司現在正面臨來自華爾街、重要投資人與企業分析師的各方壓力，要他們縮小規模，讓業務聚焦，才更容易管理，以獲取更高的利益。看起來，我的預測似乎與目前的發展局勢相反。泛工業集團如何變得更龐大、更多元、更複雜，同時還能容易管理、獲利豐厚？答案可以分成好幾個部分。

首先，因為有既有效又有彈性的新工具，諸如積層製造、大數據、人工智慧、機器學習、物聯網，尤其是工業平台，使得泛工業組織可以管理更龐大、更有責任感的企業組合。這些創新的技術，讓企業領導人能夠以前所未有的速度和效率，監控、分析、協調與控制業務。

第二，泛工業組織有能力涉入許多不同的市場，因此有機會創造範圍經濟。這會讓泛工業組織體驗到眞正的營運協同效應（舊時代的商業集團從來無法辦到）、財務協同效應（取得資本的成本更低）和管理協同效應（廣泛的策略與預算規畫工具和流程）。泛工業組織的彈性、速度、市場滲透力會提升獲利能力，讓組織愈長愈大。

第三，泛工業組織可擁有廣泛的資訊流，因為他們涉入許多不同的市場，可產生極高的價值——尤其利用不斷優化的資訊技術工具後，數據可以分解、研究、串連與變現。例如他們可以收集市場、價格、供應、需求、資源等相關數據，讓泛工業組織靈巧地進行產品交易，這是另一個傳統商業集團沒有的獲利方式。同樣地，泛工業組織在募資、套利、資本市場投資和其他金融戰場中，都位居上風。

泛工業組織全力運用多方優勢後，會吸引國內外的注意。重要投資人與華爾街的企業會漸漸放下懷疑的態度，跳上泛工業列車。分析師會注意到泛工業組織因爲參與許多跨市場的活動，而開始收割他們的資訊優勢，因此不會再要求泛工業組織縮小活動範圍。

此外，想要限制泛工業組織以免他們獲得市場霸權的政府監管機構將會發覺，要控制泛工業組織愈來愈難了，因爲這些組織必然會發揮他們在經濟、社會與政治上的影響力。泛工業組織的影響力一旦成長到與政府監管機構爲敵，政治掮客就必須學會與泛工業組織共存。

這些因素單獨來看，都不足以讓泛工業組織克服目前大型多元企業所面對的挑戰，但加總在一起就可以。

泛工業組織會是 21 世紀的財閥嗎？

看得出來，泛工業組織將會在未來 20 年內進化得非常複雜、多元，而且非常龐大。泛工業公司會利用積層製造與工業平台的能力來打造許多不同的產品，服務各種不同的顧客，而且擁有前所未見的效率與彈性；泛工業聯盟會利用工業平台連結更多製造商，擴大產品線和客戶群；而泛工業集團可以由中央制定策略，統一許多公司的活動，集中火力來提供各種具有價值的金融、行政、行銷等服務。

有了這些威力強大的武器，這三種泛工業組織——尤其是泛工業集團——會愈來愈家大業大。泛工業組織成形後，利用積層製造與工業平台產生的成長循環會不斷加速。

泛工業組織（尤其是泛工業公司）進化成長時，會愈來愈像過去主宰日本經濟的財閥（keiretsu）。第二次世界大戰前，日本財閥如三井、三菱、安田、住友等集團，都很像未來近期內會出現的泛工業公司。每個財閥都是企業集團，聯合控股，分享資源、員工和共同的策略。這些財團由超級富有的家族控制，外人無法進入，家族成員在企業董事會裡都位居要職。

這些財團不會互相競爭，反而是追求寡頭壟斷的策略，盡量擴大市場控制、維持市場穩定，並穩健獲利。每個財團都有自己的銀行，提供資本與理財服務，集團內部也有許多涉足不同產業的公司。例如，三井財閥投入礦業、紡織業、食品加工生產業、機械製造業、進出口業、貨運業等。泛工業公司就像財閥一樣，規模龐大而多元，而且緊密地控制營運狀況。

這表示泛工業公司會不受限制地成長為泛工業集團嗎？或許不會。基於以下原因，他們的規模會有一定的限制。

資金限制。泛工業公司要進化為聯盟或集團需要更多資金。一旦抵達集團階段，泛工業組織就會擁有自己的金融公司，有能力募資，無須外求。他們口袋絕對夠深。有些組織會利用併購的方式來擴大規模，但就算是最大的泛工業集團，最後也會有規模限制，因為再擴大下去成本就太高了。

大型泛工業集團漸漸併吞了小型集團，我們可能會看到全球經濟由 5 到 10 家泛工業巨人所主宰。但這個數字會縮成 2 到 3 嗎？或許不會——因爲這些巨人，每一個都很龐大、價值很高，其他對手吞都吞不下去。

會員公司的反抗。第二項限制因素，是泛工業集團必須留住會員。會員可以離開集團，這股力量可以阻止集團爲所欲爲。舉例來說，有些會員可能會阻止對手或潛在對手加入集團，而集團或擁有平台的核心公司可能沒有強行接納新會員的權利。

政治阻力。第三項限制因素，是泛工業組織無法控制的政治力。政府可能會利用核發執照、反托拉斯或各種法規來限制泛工業公司、聯盟和集團的力量。正如前文所說的，要限制泛工業組織並不容易，但來自政府立法部門的阻力還是會影響他們的成長。

科技阻力。第四項限制因素，是集團的積層製造資產有科技上的限制。有些集團或許有能力進行金屬加工，卻無法製造積體電路；有些集團或許有設計醫療植入物的能力與消費者資訊，卻無法列印出生物組織。所以泛工業組織的領導人，必須思考自古以來就存在的問題：我要利用核心能力與資產，耕耘我以現有能力就能經營的市場；還是要找尋最佳的市場機會，再另覓資產與能力來追求這些機會？

還有一些較小的限制因素不逐一詳列，這些限制因素都顯示泛工業組織無法毫無止境地擴展下去。未來不會由一個泛工業集團併吞整個產業，而是由好幾個集團聯手打造出不同的企業王國，互相競爭。這個持續不斷的競爭，也是另一個限制集團成長的因素。泛工業整合不太可能會出現由一個巨人組織來整合一個國家經濟體內所有商業活動的終極階段（未來不會如愛德華．貝拉密〔Edward Bellamy〕在 1888 年出版的風雲小說《回顧》所預料的那樣）。

不過，泛工業組織擁有許多經濟與管理優勢，能讓他們成長到比現在最大型的企業還要大。這表示他們除了經濟實力外，還擁有權力與影響力。

這裡我們又可以把財閥拿出來對比。1920 與 1930 年代，這些巨型企業集團在日本除了經濟影響力外，還有龐大的政治與社會力量。三井財閥和帝國軍與立憲政友會的關係都非常好。儘管政黨情勢不斷變化，財閥都能利用影響力推動大政府專案與保守的社會政策，以及軍國主義的外交政策，讓財閥可以獲得資源與市場。很多歷史學家都說，由於財閥造成侵略性強的軍國主義崛起，引發了第二次世界大戰。

當麥克阿瑟將軍戰後接管日本時，解散了 16 個財閥，以利日本經濟與國家文化的現代化發展。但他發現財閥深植於日本經濟中，無法被徹底拆解。而緊接著的東西方冷戰，使美國決定在短時間內讓日本工業復甦，作爲防堵共產主義擴張的堡壘。於是美國行政官員撤銷了瓦解財閥的命令，而是和平地讓財閥轉型爲結構較鬆散的企業集團。有些家族的資產被沒收了，有些公司破產了，過去由家族獨裁獨資經營的方式，也被立法禁止了。

結果財閥轉爲鬆散的企業網，被經連會所取代。戰後，經連會代表不同企業主的公司組合起來協調策略、分享服務，包括半官方銀行提供的金融服務。不管是過去的財閥或是現代的經連會，這個企業體系是新型態的經濟結構，西方很少有人理解，也很少有人做足功課來與他們打交道。如一名學者所說：「西方世界的高階主管很熟悉同業聯盟，企業利用這種非正式——而且通常非法——的組合達成共識，控制價格，避免互相競爭。在日本，同業聯盟是一種生活方式，經連會則是一種結構型的載具，確保這些企業永垂不朽。」

這種觀點把經連會描繪成日本文化下的產物，西方人對此完全陌生。但是，我們現在處於新時代的開端，新型態的科技會爲比任何企業聯盟都更加強大、能夠自動即時協調企業的實體創造機會。單靠文化力量不可能扭轉這個趨勢。21 世紀的泛工業組織因爲可以打破國界，所以影響力不限於一國之內，而是可能像 1930 年代的日本財閥一樣累積權力。事實上，有了現代的科技工具，泛工業組織就像是打了類固醇的財閥。

因此，現代世界公民面對的最大挑戰，是如何面對泛工業巨人的龐大影響力。我們不能讓他們使財富不均、環境汙染、影響政治等各種問題繼續惡化下去，我們的目標應該是要鼓勵泛工業組織，利用他們的力量創造更公平、更自由、更繁榮的世界。

Chapter 8
新市場：超匯流時代的興起

商學院的學生不常有機會可以目睹並實際描述企業戰場上的板塊移動，我很幸運能有機會在我的職業生涯中研究了兩場這樣大幅度的變化。

在我的前作《超優勢競爭》裡，我寫到了破壞式的商業模式和技術，如何打擊國家中最具優勢的寡頭製造商。我也提及過去大家都接受麥可．波特（Michael Porter）的競爭力模型，但是在超優勢競爭下，他的模型已經過氣了。波特的模型基礎是企業可以創造穩健優勢，讓他們數十年甚至數代以來都維持在頂端。不過，我在書中斷言，在超優勢競爭來臨時，過去靠產品定位、知識與資源、進入門檻和口袋夠深所取得的四種競爭優勢將不復存在。我當時就預測在可見的未來，目前現存的企業都會感受到危險，因爲干擾型商業模式、組織型態和技術會持續出現。

接下來的幾年內，我的預言紛紛實現。許多老牌、富有、掌握權勢的企業，發現自己從市場霸主的寶座跌落下來，因爲許多新型公司利用嶄新的商業模式和顛覆的技術，摧毀了他們過去倚賴的城牆。許多忽然崛起而成功的企業，現在又發現自己被更新的對手包圍了。能在顛覆世代中持續成功的公司是因爲他們緊抓著當時的優勢，不斷地創新，並謹守著英特爾創辦人安德魯·葛洛夫（Andrew Grove）的名言：「只有偏執狂才能生存。」

許多企業成功適應了超優勢競爭的年代，也有很多無法順利轉型。有些已經不存在了，有些則還在掙扎。現在似乎還有一波重大變革。超優勢競爭的年代快到尾聲了，永續競爭優勢的觀念要以全新的面目捲土重來。波特認爲可以靠四種競爭優勢獲得長期成功，這觀念過去似乎堅不可催，但現在已不復存在。根據積層製造與數位積層製造平台而取得的永續優勢正在崛起。

在新的環境裡，市場顚覆的本質和頻率就要徹底改變，如下頁圖 8-1 所示。在過去以波特競爭模型爲主的世界裡，掌握了永續優勢的強大企業能保持平衡。在這個世界裡，基本上市場很穩定，偶有小規模的顚覆，但不會動搖領先企業所依賴的核心能力。

上半部的兩張圖代表著顚覆力的本質，說明了通用汽車、西爾斯百貨、IBM、AT&T、美國鋼鐵等企業，是如何在數十年或數個世代中都維持其領導地位。

在 1980 年代，企業都進入了超優勢競爭的世界，如圖 8-1 右下圖所示。可以摧毀大型企業核心能力的顚覆力愈來愈頻繁。在這個無法預測的世界裡，沒有企業能長期安逸。

我們要進入的新階段在左下角，我稱之爲**間斷平衡**。這個觀念來自演化生物學家史蒂芬·古爾德（Stephen Jay Gould）

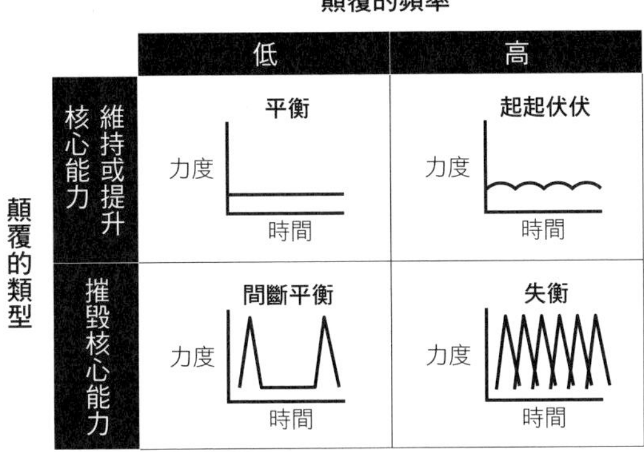

圖8-1　目前的企業世界逐漸從右下角因超優勢競爭所導致的失衡狀態漸漸移向左下角「間斷平衡」的狀態，顛覆作用偶爾暴起，然後市場再維持平衡。本表為作者所製，並曾發表於《麻省理工史隆管理評論》。

與尼爾斯．艾垂奇（Niles Eldredge）。物種先是長期不變，然後面對威脅時，在很短的時間內演化出新物種，再維持長期平衡。在超優勢競爭的時代裡，強大的組織只要經營得好，就能夠控制泛工業市場，甚至可以持續控制很久……但他們永遠無法忽略未知的顛覆可能隨時會消滅他們。

過去的競爭型態不會完全消失。在一些市場中，還是會頻繁地看到顛覆市場的改變，就像在一些市場裡還是會看到符合波特描述的寡頭製造商。但愈來愈多市場往間斷平衡前進，絕對是世界的潮流。

新型態的永續優勢

在間斷平衡的新時代裡，泛工業組織會逐漸取得愈來愈大的權力，因爲他們的技術能力可以提供各種營運與競爭優勢。少數泛工業組織會變得特別龐大、有錢有勢。與超優勢競爭時代不同，這些霸主的優勢可以持續很久，很可能讓他們維持數十年的領先地位。

我相信在未來這幾年內，企業若要保持成功不墜，就必須擁有以下幾種永續優勢。

先搶先贏的優勢。能在最短時間內研究、開發、部署、掌握新生產製造技術的泛工業公司，就能在對手還依賴傳統製造方法時搶得優勢。他們可能成爲市場內擁有新技術的第一人，只要和供應商（如 3D 列印公司和平台軟體開發商）先形成獨家策略聯盟，就能將首進市場的短期利益轉化爲長期優勢。

因爲他們比其他公司更早、更快就進入科技學習曲線，利用機器學習與人工智慧，在生產流程、材料、產品類別或市場中，更實際、更有效率地應用新數位工具的方法，因此可以維持甚至擴大其領先的地位。

規模經濟與範圍經濟的優勢。利用新科技來發展各種製造能力的公司可以擊退對手，因爲他們的彈性、速度、靈活度都更勝一籌。利用工業平台、3D 列印農場與其他先進製造設施在不同產業內立足的泛工業組織，會享有豐碩的經濟成果。當景氣發生變化，有些市場繁榮而有些市場停滯的時候，泛工業組織會因爲業務多元廣泛，所以不受影響。擁有積層製造與工業平台的泛工業組織，會有能力結合範圍經濟與規模經濟，競爭力幾乎無人能敵。

網路效應的優勢。能打造出最佳工業平台並用來吸引最多關係企業的泛工業組織，可以擁有廣闊網路帶來的龐大優勢。平台愈吸引人，就能擁有愈大的網路效應。在早期競爭中，評價愈高的工業平台就能吸引最多、最大、最有錢、最受尊重的製造廠加入。網路效應會累積力量。其他公司會認爲甲平台的優質企業用戶比乙平台多，所以甲平台擁有的資訊、技術、專業都勝過乙平台。在其他條件相當的情況下，甲平台會成長、擴張得比較大，然後爲擁有、管理平台的公司創造出永續競爭優勢。

整合協調的優勢。泛工業組織比較懂得利用他們的工業平台來做出更聰明、更迅速的決策，有效利用資源，獲利自然比對手豐厚。他們可以更快察覺到景氣的變化，發現機會。他們布局穩健，可以利用原物料、產品或服務，在不同市場用不同價格來套利，也比較擅長和生態系統中的其他公司合作（例如調整廠房產能）來導入資源，在最需要的時間點獲得最大的利益。隨著時間演進，這些技巧若能持續精進，就能不斷累積而成長，協助泛工業組織保有優勢，穩健地成長到對手無法匹敵的程度。

有了上述的永續優勢爲基礎，最強大的泛工業組織可以在全球經濟中取得並保持支配地位。

不要誤會，間斷平衡的新時代不代表回到波特的時代。波特眼中的競爭，是要像底特律的汽車製造廠、匹茲堡的鋼鐵工廠、羅徹斯特的光學工業般，在一個國家或區域內維持寡頭控制，利用高築進入門檻來減少產業競爭。在未來數十年內，不會看到這樣的寡頭控制。事實上，產業的邊界崩塌了，未來的企業不會自詡爲汽車工廠、鋼鐵工廠、光學工業，取而代之的是泛工業組織，提供橫跨不同產業的產品和服務。

此外，這些永續競爭優勢和波特所描述的競爭門檻完全不同。前者以積層製造和工業平台科技爲基礎，不但昂貴，而且難以複製，必須持續更新、升級、改良，同時維持泛工業組織的競爭優勢。

漸漸地，所有企業都會感受到壓力，必須加入其中一間泛工業公司、聯盟或集團才能活下來。用科技專欄作家克里斯多福・敏斯（Christopher Mims）的話來說：「現在的企業若無法因應情勢，轉型爲科技公司，就會被併購或消滅，財富與權勢會集中在少數公司手中，這是從鍍金時代以來從未見過的新局面。」

最終，產業經濟會在泛工業巨人之間流轉。現在臉書的用戶數超過十億，擁有龐大的影響力，也招致許多批評，未來擁有工業平台的企業會像臉書一樣，只是影響力和批評都會更多、更大，因爲泛工業組織會更深入我們的生活。他們會讓貧富不均與企業霸權的情況更嚴重，而且政府很難阻止，就像現在政府拿 Google 沒轍一樣。最後，這些平台的權力之大，會讓科幻迷開始期待有像《魔鬼終結者》中的天網系統，來收拾這場浩劫。

泛工業市場裡的輸家

如果獲得永續競爭力的泛工業巨人會是泛工業市場裡的贏家，那誰是輸家？

無法看清經濟世界正在轉變，未能即時因應的企業當然會輸得最慘。但除了他們之外，市場上還有一些人會在未來幾年內失去他們的價值和影響力。損失最龐大的包括：

擁有密集資本的大型製造廠。在泛工業時代裡，積層製造的彈性適合產能分散且在地營運的企業。不是所有製造商都會面臨同樣的挑戰。不同的公司在決定要如何分散廠房的時候要考量到不同的因素，例如資金成本（土地、機械）、倉儲與運送成本、客戶集中或分散的程度。但未來的趨勢會捨棄資本集中的大廠，傾向規模較小、較在地的廠房。因此，漸漸地，爲全國、全洲或全球市場供貨的大型集中工廠會被小型工廠取代，負責多元多樣的產品，以滿足當地消費爲主。爲什麼要在底特律的大型製造廠生產數十萬輛汽車，再花數千美金運送到世界各地呢？何不在靠近消費者的地方就地小量生產，降低成本？在分散生產的新典範下，企業可以節省數百萬美金的倉儲與運送費，消費者則可以省下物流的時間，得到符合當地需求與偏好的特製產品。

在這波潮流之下，誰會敗下陣來？若企業持續運用過時模式與沒有彈性的設備集中生產，再出貨到全球各地，一定會失敗。這種企業很快就會發現自己沒有泛工業公司敏捷靈活。

誰可能會吃到苦頭呢？非常依賴傳統大型製造廠來帶動當地經濟、提供就業機會的城市和區域。大型工廠過氣之後，周邊社區一定會頓失依靠——除非他們發現世界在改變，趕快調整經濟發展策略。

依賴進出口市場的企業和區域。在地製造生產的副作用就是影響進出口市場。在地製造生產表示在當地採購與生產，比較不需要跨國界運送零件與成品。數位製造的流程比較不需要人力，也會強化這股潮流。低工資國家替高工資國家生產的吸引力下降，因為人力成本占製造費用的比例沒有那麼大了。因此，以低成本生產再出口到國外市場的企業會面臨困境。同樣地，像中國這麼依賴出口貿易的國家也不容易刺激經濟成長。這對國際貿易平衡的影響可能會很深遠。

依賴自由開放市場的中小型企業。垂直整合的企業和集團消失後，會產生一種現象，就是多數商品和服務的自由開放市場，將逐漸被泛工業組織掌握。現在大多數企業都是在不受控制、不受管制的市場裡購買原物料、零件、商品和服務，許多獨立供貨商根據價格、品質和其他特點來爭取訂單。古典經濟學理論說這樣的效率最高，因為市場力將會驅動競爭、價格下降、品質提高，並鼓勵創新。開放市場的繁盛會支持數千家中小企業，讓他們可以為更大的企業提供商品與服務，長期維持生意興隆。

泛工業公司、聯盟和集團逐漸擴大後，這種自由開放的市場機制會逐漸限縮、封閉，由核心公司和平台所管理。每個泛工業組織的規則不一，但會員公司可能必須向其他會員公司採購商品與服務——就算不是規定，彼此採購可能比較有利。若一間公司都在數位企業生態系統裡面採購，可能會有一些好處，像是價格優惠、服務更好、供貨優先、流程簡便以及避免爭議等。此外，由電腦在集團內分配商品給會員公司也會有更高的效率，從原物料到成品之間創造最高價值。尤其當因為市場流動性較低、資訊不對稱大量存在，或情勢不明朗等狀況，讓人類很難採取正確的策略時，電腦營運的市場會比開放市場運作得更好。

因此，在泛工業經濟中，貿易會逐漸從自由開放的市場轉為相對封閉的生態系統，由特定泛工業組織所管理經營。這當然有好有壞。好處是封閉的市場受到保護，減少開放競爭產生的風險和不確定因素。封閉市場也沒有自由市場會有的摩擦，當你和同一個泛工業集團裡可靠的夥伴合作時，比價、媒合、簽約、監督、執行的成本都會降低。

另一方面，封閉市場缺少了開放市場的動能與創意。泛工業世界因為有積層製造的設計與速度優勢，彈性和創新不會減少，但這個創新可能要倚賴泛工業生態系統頂端的領導人，而不是由各層級迸發的創意來推動。以群衆外包的方式進行設計或使用創意設計軟體，可能會減少封閉市場的問題。

不管怎麼說，開放自由市場的衰落，會迫使上千家目前很興旺的中小型供應商必須找出新的活路。他們大多會發現，最好的選項就是加入逐漸擴大的泛工業組織，可能是被泛工業公司併購，或是成爲泛工業聯盟與集團的會員。

公司控制權市場裡的行動派投資人。在現今的經濟中，個體戶的控制權市場相當活躍。這個市場由許多獨立的參與者所推動，包括了行動派投資人和避險基金經理人和投資銀行。行動派投資人經常利用收購股權來進行代理投票權競爭，投資銀行則會在公司管理不良的時候接管。有時當公司被接管後，會被龐大的債務給壓垮，或新任管理者上台卻只爲了收割短期利益，而不投資公司的長期發展，公司控制權市場就成了市場弊端。公司控制權市場往往會逼董事會或高階主管溢價回購，以免股價下挫。經理人因爲怕失去公司控制權，往往只會注意股東價值避免被接管，結果損害了員工、退休人員、當地社群與公司長遠的布局。

大型泛工業集團的規模、財富、權勢都逐漸成長時，公司控制權市場會失去影響力。多數公司都會是集團成員，而集團有自己的金融機構──銀行、投資銀行、共同基金、創投公司等。這些金融企業所掌握的財富會形成一道堅強的嚇阻力，保護會員公司，他們就不怕惡意接管。企業需要現金的時候，他們會先找「家族銀行」，不假外求，這樣就可以減少公司的壓力，不必為了資金修正策略。

超匯流：從產業到泛工業市場

現在常常聽到「匯」這個字，它具有多種意涵。我們在積層製造和自駕車的主題中曾經聽過「數位－實體匯流」；或者「產業匯流」，指由於產品或地理區域之間的界限逐漸消失，因此從不知名的地方遭到競爭對手的打擊；還有「功能匯整」一詞，表示因為即時通訊和數位工具讓大家可以跨部門協作，因此公司裡的團隊與部門重新整併。

接下來我們要面對的「超匯流」，表面上可能很像前述幾種熟悉的匯流。譬如說，我們可能會想起1990年代的產業匯流，當時消費者電子產品、電腦和電話整合在一起，形成了我們所稱的新經濟。

不過，即將出現的「超匯流」的影響更為深遠，會改變我們對經濟的傳統看法。積層製造和工業平台會讓企業在同一座工廠裡，甚至是用同一套機器，來生產電動車、玩具、飛機、軍用品、發電設備、建築材料、微電子用品等各種不同產品的零件。企業集團的時代結束後，靠著多元發展取得優勢地位的潮流，可能會以不同的形式再次興起。市場間的邊界可能會消失，變成沒有固定邊界的泛工業市場。

在泛工業經濟下，不只是產業和市場開始整併，製造業和服務業的界線也會逐漸模糊、消失。製造業本身會轉變爲服務業，當收到訂單才去製造產品，就像裁縫量身打造西裝一樣。在不同產業中，製造廠會從平台收集到大量的資訊，他們可以變成金融服務公司，製作企業信用評等、放款，在生態系統裡的會員公司內投入私募股權和退休基金。

各部門間的匯整是因爲組織內部的部門不再獨立運作。舉例來說，新產品的創造和銷售不會再明確區分爲研發、工程、設計、行銷、業務、經銷等不同的階段。未來這些工作會同步進行，由業務多元的團隊共同合作，利用有彈性且不斷更新的工具來設計、製造、配送，以製造出符合消費者需求的產品，並立刻推出到市場上。產品研發團隊可能會主導整個研發期程，因爲他們開發了很多要到市場裡測試的新產品。反過來，產品可能會利用 3D 列印機嵌入的衍生設計軟體主導其設計。在這樣的世界裡，像這種被當今許多公司外包出去的業務，以後可能都會導向公司內部。

在某些情況下，製造、倉儲、經銷、業務、行銷可能都在同一個屋簷下進行。例如，電子用品賣場可能前面有展示間，讓顧客設計自己的智慧型手機，選擇零件、配件、材料、顏色和應用程式。製造廠可能就在幾公尺外，只相隔一面牆，倉庫裡有一些特別的零件，其中大多數都可以由 3D 列印機製造，有些做出客製化塑膠殼，有些做出電子零件，有些做出 LED 螢幕。顧客可以在現場等著把手機拿回家，或者隔天再宅配到府。在這例子裡，產品與服務的分野沒有過去那麼明確了。

不過，超匯流最戲劇化的形式是將整個產業重新組合，我稱之為**泛工業市場**。我們在未來幾十年內會看到以下幾種泛工業市場：

智慧家庭市場。由電腦中央控制保全、空調、燈光、主要家電、網路與電話、娛樂系統，你會有一個全新的泛工業市場涵蓋所有相關產品。網路連線、感應器、電器用品嵌入的人工智慧控制器、燈光、攝影機、清潔裝置、灑水器、電熱器、健康監測器等。

農業設備市場。結合了大家熟悉的牽引機、耕耘機、收割機與無人駕駛技術、全球定位、衛星通訊等高科技工具，再加上分析諸如天氣、土壤品質、蟲害、疫病等自然環境並加以回應的能力，以及農業市場的趨勢，產生了整合裝置的新泛工業市場，可以在最不需要人力的狀況下經營農場，創造農產與營收。有些裝置看起來不像傳統農耕裝置，而像是火星探測車。

收銀系統市場。結合了放在便利商店角落的自動提款機與各種有用的新服務，例如更新駕照與護照、買電影票或球賽門票、預定居家清潔服務或投資共同基金。新的泛工業市場會整併目前許多獨立的產業，提供各種服務與設備。

用生化人提升勞工表現的市場。結合機器人、積層製造、數位感應器、醫療用義肢、認知運算、人工智慧和新的人機介面、外骨骼，你就會看到一個全新的市場：由工具和系統來修復或取代身體器官，或以更高的彈性和速度來強化身體部位，讓勞工能夠在工廠裡與機器競爭。機器人手臂與關節已經被廣泛應用了。只要開發出連結不同部位的神經系統，人類就會想要成爲「生化人」，過去的心理障礙會逐漸瓦解。提升人類表現的工具會自有一個泛工業市場。

在超匯流的世界裡，只有少數公司有足夠的資源，可以在目前他們所占據的產業裡繼續競爭。絕大多數將會發現他們進入了一個更龐大、更複雜的世界。在這個世界中，今日組成多種不同產業的產品、服務、流程和活動，都會連結在一起，爭搶注意力。

在威脅與機會兼具的汪洋中航行

企業領袖顯然需要謹慎面對未來的超匯流趨勢。但是超匯流趨勢會像天氣一樣——每個人都在聊，但沒有人知道該怎麼辦。在我們傳統的企業策略中，會假定產業和經濟都很穩定。當企業本質改變的時候，我們困在這樣的舊思維裡。我們把企業想像成在既定界線中的不同商業組織，就像一群狼，各有其盤據的領域。當邊界瓦解的時候，我們就需要新的比喻，而我最喜歡的是將其比喻爲在無邊無際的汪洋中優游的魚群。

在這個比喻裡，每一條魚都是半自主的動物。魚都是群體行動，以增加牠們找到食物、避免攻擊的機會。每條魚都會注意同一群裡其他魚的動作，才知道要怎麼做。魚會遵守一些簡單的規定，像「跟著大家游」或「跟著成功（較胖）的魚」。另外，偵察魚會在魚群外圍注意威脅和機會，牠們會分散開來以回應外來的威脅。有時候，魚群必須散開，但是等危機解除以後就會聚在一起。當危險逼近的時候，游得比較慢和比較弱的魚就會被犧牲掉，以保護最健康強壯的魚。當偵察魚發現新的水草時，會吸引其他魚一起在無邊界的海底前進，然後整群魚就會集體切換方向。

請把泛工業公司想像成一群魚，每一條魚代表一條產品線。因爲匯流的關係，每一條魚都可以自由朝任何方向游去。如果牠們合作，鬆散地影響對方，牠們會集體行動，讓大部分的魚可以存活下來並且家族興旺。牠們的彈性與自治，創造出群體智慧，更能因應產業與部門間界線瓦解的現象。

這個魚群的比喻，讓我們可以生動地想像出泛工業組織營運的方式：

沒有邊界的競爭場域。魚群不會在一個特定或單獨的市場，而是在開放空間中探索，尋找更好的顧客群或沒有對手的地區。這和傳統企業探索新市場的方法不一樣，傳統企業比較像是一條單打獨鬥的魚。整群魚自己組織起來，集體探索，但還能在變換道路的時候平衡風險和機會。有些魚可能會脫隊，但不會離開太遠。如果發現了好東西，附近的魚就會跟過來。新資訊會在魚群中擴散，讓整群魚都改變方向，朝更豐富的生態系統移動。

自由流動的組織和群體。每一條魚都可以自由地在群體裡面移動，靠近其他最能幫忙的魚，或者接近外面的機會。但外緣的魚比較可能被鯊魚吃掉，因此大部分的魚都會待在群體裡。每條魚雖然靠近，但不會彼此碰撞，這不是因爲總部下達了嚴格的指令，而是因爲文化制約或規範的關係。規定愈強，組織或群體就愈能夠避開其他魚群在做的事情，追求利潤更高的機會。

遷徙策略。魚群最大的挑戰是決定要移動到哪裡。魚群不能在同一個地方停留很久，因爲這樣會消耗糧食，也會引來獵食者。但是要找方向很難。有些魚偵測到溫暖的水域，會帶領整個魚群游往那個方向。其他魚偵測到洋流和潮流，就會帶著魚群順應潮流。同樣地，組織必須要雇用更多有遠見的人，他們直覺敏銳，可以偵測到可能出現的機會和威脅。他們需要更多的達文西，而不那麼需要分析師（因爲會被電腦取代）。達文西可以前一天畫出蒙娜麗莎，隔一天設計一架直升機；你需要這種靈活又敏銳的能力，才能在開放又不斷變化的市場中存活下來。除了這群人，還要有勇敢的偵察隊，他們可以迅速找到下一塊機會之地。你沒有辦法預先判斷哪一塊是「藍海」，你必須要發現藍海。

新的領導方式。你現在要花很多時間控制大小事，以後這些時間可以用來探索各種機會。派更多偵察員去尋找潛在的機會或預防潛在的威脅，進行廣泛的全方位調查，而不是用一貫的策略分析。設定簡單的規則，決定不同魚要承擔哪些角色、要如何在群體裡互動。有遠見的人會在這個超匯流的泛工業世界中，擁有重要的地位。

超匯流趨勢會把每一間公司變成一群一群的魚，在廣泛無邊的機會之海中和獵食者比拼，同時在每個轉角都能找到嶄新的機會。

Chapter 9
新規則：集合競爭與影響力範圍之戰

在新的超匯流泛工業市場中，競爭的型態會從企業間的戰爭變成泛工業生態系統間的戰爭，而每個生態系統裡都有許多大公司。泛工業組織要透過競爭，支配服務許多市場，具有共同製造材料、流程和方法的匯聚產業。

因此，泛工業市場會有我所稱之爲「集體競爭」的特色。企業間以前競爭的是產品和市場，未來泛工業組織要競爭的則是供需資訊、製造技術、經濟趨勢、消費者偏好與分析情報，才能用獨家資訊獲得支配地位。舉例來說，在泛工業世界裡，通用汽車、福斯和本田之間的傳統競爭態勢不會那麼重要，他們會分別隸屬於不同的泛工業集團，而主要的競爭會是在大型泛工業集團之間。能透過分析來掌握市場變化與經濟趨勢的泛工業組織，可能會參與這些新型的大戰。今天，汽車品牌都專注在創造最吸引人的車型，以從敵人手中搶下市占率。明日，這種競爭依然會存在，只是主要的競爭會發生在泛工業巨人之間，他們不只設計、銷售車款，還重新思考當地與區域的運輸系統，甚至會爲整個國家開發基礎建設計畫。

規模最大的泛工業組織非常龐大、富有、多元，幾乎不會因爲對手的動作就受到重傷。因此，泛工業組織之間的競爭，可能會像歷史上政治帝國間持續數十年時有消長的競爭態勢，例如東西方的冷戰，或發生於 19 世紀，中亞其鹿、英俄共逐的「大博奕」（Great Game）。

每個泛工業巨人就像過去的帝國一樣，在一個強大的核心組織周邊圍繞著重要的附庸組織。在帝國的年代裡，核心和附庸都是國家；在泛工業的年代裡，國家便沒有那麼重要，重要的是堅強生態系統中的泛工業公司，以及用來控制生態系統的工業平台。核心的外圍是前鋒，用來發動攻擊，奪下對手所控制的泛工業市場。在帝國的年代裡，前哨站和中立區都是地理位置，如印度河盆地或興都庫什山脈；在泛工業的年代裡，前鋒和中立區指的是泛工業市場，每個市場都有不同的科技、用戶族群、地理位置、人口分布、產品類別、經銷通路、供應鏈或上述元素的組合。單純的產品地理市場，如荷蘭的單車，這種概念已經過時了。

其實，我們現在就可以看到影響力的戰爭已經開始在布局了。產業匯流與全球市場邊界倒塌，創造出龐大的企業實體，有核心、緩衝區、前哨站，就要搶奪廣大領地的控制權。例如奇異和西門子是兩大產業王國，在許多快速匯流的產業裡競爭。他們彼此爭奪長期的霸主地位，各自建立其核心實力，以發源地爲基礎（奇異在美國、西門子在德國），各有其歷史淵源與產業特色。其他企業對手可能在打影響力的前哨戰或延長戰，如網路零售龍頭亞馬遜、阿里巴巴和 eBay，或積層製造平台的建築師捷普、IBM 和德國軟體大廠思愛普（SAP）。

即時競爭與對 SWOT 的重新詮釋

在泛工業市場中不容易看到翻天覆地的變化，因爲大型組織結合在一起霸占市場後，太富有、太強權而且多面向發展，不會一受到打擊就翻覆。泛工業巨人反而不斷在爭奪邊陲的優勢，就像冷戰時期美國與蘇聯在古巴、越南、安哥拉爭奪影響力一樣。

不但如此，積層製造與數位積層製造平台結合在一起，改變了競爭遊戲的規則，從一場接一場的競爭變成一場持續的競爭，速度更快，侵略性也更強。就像從美式足球變成英式橄欖球，不戴護具，也沒有中場休息時間。

在不同產業裡，同步競爭會需要很不一樣的策略思維。在傳統製造年代中，SWOT 分析是最基礎的策略思考工具，分別檢視強項（strengths）、弱項（weaknesses）、機會（opportunities）與威脅（threats），在兩條軸線上找出一個結論。但是在泛工業市場中，軸線和結論的應用都會受到限制（參見下頁表 9-1）。因此，超匯流與泛工業市場的年代，需要對 SWOT 分析有重新的詮釋。

大家可以回想一下，圖 8-1 呈現出超優勢競爭年代結束，轉爲間斷平衡的世界。相對穩定的狀態會被競爭劇烈改變的高峰打斷，那就是泛工業組織會利用新的永續優勢創造出改變。在穩定的階段中，SWOT 的舊原則還是很有用，如表 9-1 左欄所示；但在發生遽變時，要利用新策略，如表 9-1 右欄所示。

表 9-1 泛工業市場的 SWOT 分析

	傳統 SWOT 分析	泛工業遽變時的 SWOT 策略
軸線 1：機會與威脅	**利用你的核心能力**。利用現有的強項可以擴大企業獲勝的機會且代價比較低，打造新的能力代價比較高。先摘較低的水果可以產生更多利潤，也可以避免市場侵略。	**把新的活動領域變成能力範圍**。泛工業組織可以將學習經驗轉移到其他產業，創造出下一代新能力，將弱項轉為強項，改變遊戲規則。
軸線 2：強項與弱項	**以強攻弱**。企業要利用強項來攻擊對手的弱項。這個策略能贏得不費力，並且避免戰損。	**攻擊對手的強項和弱項**。多元化的泛工業組織可以攻擊對手的強項與弱項，為正面交鋒鋪路。
結論	**目標是穩定而不是決定性勝利**。避免侵略性戰爭，尋找穩定的產業結構。利用緩衝區來防守，如果不是產業要角就固守在你的利基市場裡。	**持續逼迫對手，目標是混亂、顛覆、擴大影響力**。利用前鋒攻擊對手的核心或搶奪中樞。安全的利基市場不再存在。

如表 9-1 所顯示的，泛工業市場中的一大策略挑戰，就是精準地判斷你在不間斷平衡循環中的哪個位置。在顛覆時期採取較爲溫和版 SWOT 原則的公司，便無法完全發揮即時學習的力量，廣泛增加速度與彈性，利用潛力來超越對手或包圍對手的核心市場，因此有可能在競爭優勢的戰場中落後。他們會錯過取得更多影響力、控制企業生態系的機會，因而無法擴大影響力。

巨人拚搏：影響力範圍之戰

泛工業組織有很多對手，但他們不能無役不與，隨時隨地都在和所有人戰鬥。每個泛工業組織都必須把重心放在少數幾個影響力範圍重疊的競爭者身上。爲了在泛工業市場中擁有最多的影響力，泛工業組織必須抓住泛工業市場中最龐大、最有利可圖的部分，並且削弱對手的競爭力。同時，泛工業組織必須和對手建立緩和（détente）的局面或相互容忍，在次要戰場上和次要對手創造出有利的權力平衡。

泛工業組織會吸收比較不重要的對手，讓同盟或對手去爭奪這個組織短期內不想要的市場。或者，泛工業組織會和其他企業結盟，對付特定對手。目標是讓同盟包圍對手的影響力範圍，避免對方擴張，或甚至搶奪對方的影響力範圍再與同盟瓜分。這就是冷戰時期知名的**圍堵策略**。

泛工業巨人會採取不同的策略相互角力。有些人會運用**柔道策略**，快速柔軟地利用對手的身形、力量、體重反制對手。舉例來說，柔道策略要避免直接衝突，迅速移動到沒人占領的市場，或用創新的產品和服務重新定義市場空間。

其他公司可能會用**相撲策略**，規模、力量、體重就有決定性的正面優勢。相撲選手喜歡面對面衝突，直來直往，因爲他們知道自己可以靠力量制霸。所以，他們會部署龐大的資源，奪下利潤豐厚的大片市場，希望削弱對方的影響力範圍，制敵機先。在某些情況下，對手已經弱到讓這些公司可以取得戰果——最可能透過併購的方式取得。

柔道策略與相撲策略都很吸引泛工業組織。請記得，泛工業組織可以獲得規模經濟與範圍經濟的好處，所以他們可以擴展得極爲龐大，並保有過去小公司才會有的速度與彈性。因此，泛工業組織可以選擇利用彈性與快速變化來和主要對手競爭（柔道策略），再利用規模與資源來和另一個對手競爭（相撲策略）。事實上，近期內我們可能會看到泛工業市場在競爭中展現出這兩種競爭方式所有可能的組合：柔道對柔道、相撲對相撲、柔道對相撲。而且，因爲泛工業組織靈活又敏捷，我們可能會看到對手在不斷變換策略的延長賽——纖細的柔道選手可以打倒壯碩的相撲選手，反之亦然。

其他公司想要在泛工業市場內爭得立足之地，就需要第三種方法：**避免衝突的策略**。找一個利基市場內的避風港，讓別人抓不到。偏好避免衝突的公司，可能會試著在戰術上和對手結合，共同瓜分泛工業市場，使彼此的影響力範圍井水不犯河水；或是在重疊的影響力範圍內與對方發生糾紛時，約束衝突的力道。

機器戰與平台戰

爲了獲得新的永續競爭優勢，打造廣闊的影響力範圍，許多公司已經開始朝向泛工業的狀態前進。這些公司多數已經開始同時進入兩場軍備競賽，但財經媒體卻多半沒有注意到他們的努力。

其中一場競賽重點，在改善積層製造、複合型成形加工系統和相關技術，我稱爲**機器戰**。第二種競賽的重點，在開發出最優秀的工業平台，我稱之爲**平台戰**。

機器戰和平台戰會反映出泛工業組織之間爲了網路效應、資訊優勢、規模經濟與範圍經濟而展開的戰爭。這些戰爭代價高昂，所以讓各種產品和泛工業市場平攤代價就是獲勝的關鍵——這也是另一種規模經濟。

爲了讓你更了解這兩種戰爭，以下提供一些眞實案例。

機器戰

在積層製造的世界中，科技領導人早就在不同防線展開了競爭。3D 列印和相關技術研發甚快，許多公司都爭著在開發最有可爲的工具或取得工具控制。機器戰的結果很可能決定了哪間公司能夠在初期獲得成功，最早轉變爲第一間強大的泛工業公司。

要知道，我們還在機器戰初期，贏家和輸家要過幾年才會出現。以下情資可以讓你先了解這場競爭的本質。

2015 年，兩大企業紛紛鼎力支持連續液態介面生產技術（前面章節介紹過），也就是革命性的 3D 列印。連續液態介面生產技術的地位很重要，可以讓這些公司順利轉型成眞正的泛工業公司，擁有強大的新製造技術。Alphabet 是其中一間，福特汽車公司則是另一間。

眾所週知，Alphabet 市值 750 億美金，業務多元，利用搜尋引擎、電子郵件服務和其他應用程式，以及網路防禦、雲端運算等能力打造出軟體平台。但 Alphabet 也在不斷開發硬體，以連結軟體平台。Alphabet 支持的硬體專案包括自駕車、機器人、光纖網路、電子通訊設備、銀髮醫藥、飛行器（包括物流用無人機）、網際網路氣球還有都市基礎建設與能源設備，同時也在研究生命科學、醫療保健、交通運輸與農業所需的硬體和擴增實境頭盔、手機、穿戴式運算工具等電子裝置。

儘管加入這場競賽的出發點和 Alphabet 完全不同，市值 1,500 億美金的福特汽車也有機會以積層製造爲營運核心。福特有名的是汽車、卡車、貨車、汽車零件和其他可以從積層製造獲利的產品，如電動車、工業引擎，以及聯合輕型戰術車、坦克車、半履帶裝甲運兵車和裝甲車等軍用運輸載具的零件。

Alphabet 和福特汽車都和 3D 列印的新創公司 Carbon3D 合作，這間公司現在改名爲 Carbon。原本 3D 列印是利用傳統 2D 列印，一層一層往上堆疊來製造零件和產品，但 Carbon 創辦人喬伊．迪西蒙（Joe DeSimone）和共同發明人兼技術長艾力克斯．厄莫緒金（Alex Ermoshkin）、北卡羅來納大學化學教授愛德華．薩穆爾斯基（Edward T. Samulski），共同開發出不需要堆疊的 3D 列印技術。他們持續利用光和氧氣來控制液態光敏感樹脂，光可以將液態樹脂轉換成固體，光線就像高速動畫一樣持續傳遞切面圖，形成物品的外觀，硬化樹脂；同時還利用氧氣來避免樹脂硬化而黏著在容器底部。只要控制光線和氧氣，就可以一次製造出精細的物品，無須依靠層層堆疊。在這過程中導入氧氣，就讓 3D 列印變成光化學流程，大幅減少製造時間，移除堆疊效果，讓 3D 列印的速度、強度、品質都到達新的境界。喬伊．迪西蒙等人稱之爲連續液態介面生產技術（CLIP）。

Carbon 一步一步修正，要在第一台列印機開賣之前，讓這技術接近完美。2016 年年初，Carbon 和壯生醫療器材與診斷全球服務部門合作，客製 3D 列印的手術裝置。BMW 也是合作對象。同樣在 2016 年年初，Carbon 宣布四項合作計畫，將技術商業化，合作對象分別爲 Sculpteo、CIDEAS、the Technology House 以及 WestStar Precision。

2016 年中，Carbon 第一台商業列印機 M1 上市，可以列印出具有工程級機械屬性和表面光潔度的高解析度零部件，這台機器最小可以印出 144×81×330 公釐的物品。M1 利用機器學習，每天每台列印機收集上萬筆數據，判斷什麼印得出來，什麼印不出來——也就是哪些材料、設定、設計圖樣、速度、積層方式、列印方向、後加工方式可以將瑕疵率降到最低、品質一致性提到最高，並將成本降到最低。

連續液態介面生產技術目前只能採用樹脂和高彈性塑料，Carbon 卻已經可以運用矽膠、環氧樹脂和一種類似尼龍的脂類，下一階段則可以運用陶瓷和生物分解材料。

2017 年，Carbon 推出了產能加倍的 M2 列印機，以及可結合 M2 列印機和自動化加工的後工作站 SpeedCell System，負責重複性高的終端生產流程，規模再大都能應付。

所以 Alphabet、福特汽車和其他試用 CLIP 技術的企業現在都進入了機器戰的前線。他們面對的第一項挑戰，就是要比其他企業更早將 CLIP 技術應用在大量製造生產上。第二項挑戰則是要在更好的技術出現之前，完整部署 CLIP，並利用這項技術賺錢。

在對手插手這項技術前提升 CLIP 技術，多元應用並優化效能，只是機器戰的其中一役。其他可望成爲泛工業組織的大公司都投資在尖端製造技術上，尋找科技優勢，用來拉開和對手的差距。例如我在前面章節提過，日本住友重機械株式會社買下積層製造專家 Persimmon。

CLIP 看到積層製造設備愈來愈快、愈來愈便宜、效率愈來愈高、品質愈來愈好，而且愈來愈敏捷。但 CLIP 還沒獲勝呢！類似的技術如 3D Systems 的連續光固化成形法緊追在後，要競逐霸權。

同時，還有很多方法可以提升積層製造的速度和品質。當我訪問列印機製造商 Stratasys 的共同創辦人與資訊長史考特・克倫普（S. Scott Crump）時，他立刻就說出許多方法：縮短後製時間、縮短新產品製作的設定時間、縮短不同材料的設定時間、將物品切成更厚的斷層、減少列印過程中需要的支援、改善電腦設計克服傳統製造的局限、改善系統壓縮數據的能力。這些改善方式聽起來不怎麼樣，但結合在一起就可以產生大幅的改變。

除了列印機製造商，積層製造設備的用戶也在找機會改善他們的製造系統。其實，3D 列印機用戶取得與積層製造相關的創新專利，比列印機製造公司的還多。因此，調校或改善列印機逐漸變成用戶的工作。機器學習與人工智慧開始讓積層製造系統可以自行運作，從經驗中學習，並且在盡量降低人類干預下有效競爭。

許多領域都能讓積層製造具有更高的效率和更強大的力量，主要有：

應用化學。化學反應可用來在積層製造的流程中創造、客製、改良原料，例如添入化學物質加速固化，避免斷裂，限制空氣留持量。

電磁學。利用電場或磁場，讓 3D 列印可以製造創新的幾何形狀或改變產品的外型。

先進材料學。如利用「記憶材料」，在列印出奈米材料、合金、碳纖維、奈米碳管複合材料，或罕見材料如巧克力、陶瓷、纖維素之後，再改變形狀。

尖端資訊工程。包括應用人工智慧、預知演算法、衍生設計、虛擬實境、擴增實境燈座工具，來改善產品設計、材料能力和列印機的表現。

其他機械學。例如應用微機器人、迷你列印機、複合型成形加工系統、輸送帶、機械手臂、四軸飛行器、遠端量測或監控裝置。

製造廠會根據他們的業務本質、產品類別，和他們察覺到有哪些打敗對手的機會，來決定要著重發展哪一種能力。你可以看得出來，未來這幾年機器戰會持續在多條前線開打。

平台戰

製造商投入機器戰的同時，其他公司開始參與平台戰，也就是工業平台殊死戰。

平台戰的前兆就是企業爭相創造出成功的「數位公共事業」——也就是以雲端為基礎，提供硬體管理服務與軟體，客戶愈多愈能創造規模經濟。同時，數位公共事業最大的供應商包括亞馬遜、微軟、Google、IBM，還有其他幾間規模較小的公司如甲骨文、Adobe、Salesforce、思愛普等，目前以亞馬遜的規模最大。亞馬遜比其他對手更早進入雲端管理市場，現在該公司數位公共事業的規模，比微軟、Google、IBM 加起來都還要大。

但數位公共事業不再是數位戰的前端了。數位公共事業市場商品化之後，價格和利潤不斷縮水，這些企業開始一點一滴將重心移往積層製造平台，在平台上增加愈來愈多企業功能。IBM 和微軟或許是在開發類工業平台功能的企業中，最先進的兩間公司。IBM 的華生科技已經開發出工業物聯網平台，可以進行先進的分析，利用人工智慧處理困難的管理問題；微軟則多了 Hololens 來進行 3D 擴增實境活動，例如產品設計和企業會議。

至於在創建能夠催生第一間眞正的泛工業公司的工業平台方面，製造商與製造軟體的公司跑得更快，捷普、奇異、西門子都遙遙領先。其他多角經營的製造商如聯訊科技和住友，也都朝著這個方向在走。平台還是會著重於整合企業功能，生產不同的企業套裝軟體，可以相容和協作。這場競賽是要創造、整合即時應用程式，在這個一條龍的平台上，有利於供應鏈管理、資產管理、產品生命週期管理、產品，與物流規畫、廠房管理、企業全體資源規畫、產品設計、企業會計、合規報告和其他功能。

工程巨人西門子制定了一項策略，目標就是要贏得平台戰。西門子的數位工廠部門，正在結合硬體的眞實世界與軟體的虛擬世界。西門子宣稱，他們已經備妥要創造出工廠的「數位雙胞胎」的工具和系統，也就是「還沒建廠房就要打造自動化生產線與設計流程」。執行長喬瑟夫·凱瑟（Josef Kaeser）表示：「我們複製了即時製造流程到虛擬世界中，優化工程、加工品質、縮短準備時間與運作時間，然後再複製到眞實世界的生產設備上。這實在很酷。」

確實很酷，而且也看得出在平台戰開打之後，西門子決心要搶下大片江山。在這些戰爭中，硬體很重要，但尖端軟體和軟體所控制與分析所得的資訊更爲重要。如凱瑟所說：「我們的顧客在乎製造與工程數據和智慧財產權，因爲（這種數據）是創新界夢寐以求的聖物。」西門子在德國和中國成都的工廠，都已經由最新的「數位雙胞胎」控制平台來管理了。

當然，在積層製造軟體的快速變遷世界裡，好的想法傳播得很快。其他企業已經紛紛開始發展各自的「數位雙胞胎」概念。達梭系統有一套很接近的方法，他們利用模擬器，在製造過程中辨識零件或機器的機械與結構問題。同時，奇異積層製造的專家在機器即時學習的過程中，用他們自己的數位雙胞胎，希望讓工程師能夠即時調整製造流程，目標是要達到「產能百分百」——也就是超效率、零廢料的生產方式。

捷普、奇異、西門子這些公司轉變爲發展快速的泛工業組織時，會漸漸地吸納會員公司，替他們的平台創造出規模經濟與範圍經濟。最後，他們會形成泛工業聯盟或泛工業集團，各自擁有不同的會員、會員行爲規範、會員互動方式、會員獨立運作方式、共同的目標與專案、治理架構、資源分享配置、資訊存取規範、仲介服務，以及其他獨特的功能。

但是這一切都要等到數位積層製造平台能夠替製造商客戶帶來極大價值，並且臻於完美，能讓核心公司進行操作。這就是爲什麼這些公司和其他公司都投注了上億美金參與競賽，要比其他人更早擁有最具威力的平台。

泛工業組織對抗全世界

已經說明了泛工業組織未來會有強大的策略與經濟工具，逐漸稱霸企業世界。不過從歷史中我們可以知道世事難料。泛工業組織可能必須要和其他類型的企業共享權力。

我們在未來的幾十年內可以預期這幾種戰爭。以下是我預測的結果。

泛工業組織對抗老骨頭

在這個情境裡，兩種製造商互相對抗。一邊是我說的泛工業公司、聯盟和集團，他們會用積層製造和其他數位製造工具與工業平台來打造龐大的組織，可以在多面向、無邊界的泛工業市場裡競爭。另一邊是老骨頭，口袋很深、由來已久，還在運用或改良傳統製造系統。

就算泛工業組織開始拿下市場，一時之間有幾間老骨頭可能存活得下來。老骨頭有一些明顯的優勢：他們和供應商、經銷商、零售商等價值鏈上下游的公司關係很好；他們能取得銀行和投資人的資本；他們有龐大的資產（工廠、倉儲、經銷中心、辦公大樓），那是他們過去數十年來花了昂貴成本打造的設施。最聰明、最會跑的老骨頭會投資技術升級，才能追上泛工業組織的腳步；他們會在工廠裡加裝機器人，甚至會開始在傳統組裝線上使用 3D 列印機。

但在接下來的幾十年內，老骨頭的傳統優勢會逐漸變成昂貴的包袱，拖累他們的步伐。泛工業組織用積層製造與工業平台的許多優點愈來愈能打贏老骨頭，我之前已經解釋過了，泛工業組織會具有速度、效率、靈活度、規模經濟與範圍經濟。最後，老骨頭會絕種，若不是由泛工業組織吞下他們的產品和品牌，就是消聲匿跡。

泛工業組織對抗美國西岸的科技巨人

在這個情境裡，泛工業組織要對抗的是這數十年來成長最快的高科技公司。這一類型的競爭對手不只是「四大」企業——Alphabet、蘋果、亞馬遜、臉書，還有其他以資訊爲基礎的科技公司，如甲骨文、IBM、Salesforce。如前所述，有些企業已經開始在測試涉及製造和工業平台的收購和實驗了。因此，這種情境很可能會成眞，並且演變成全面開戰，由以製造爲基礎的泛工業組織和矽谷一帶的科技巨人搶奪控制權。

美國西岸的科技巨人獲勝的條件是，他們必須持有並運用目前控制的顧客資料、收購或開發工業平台，並利用諸如語音辨識工具、自然語言處理、影像辨識、深度學習等創新人才所研發出的專業軟體，來改善企業營運的方式。

泛工業組織要致勝，則必須在泛工業平台上導入大量的消費者，讓組織取得他們的資料。若泛工業組織能從科技巨人手上買到消費者的資料也可以獲勝。在這個情境下，局勢對泛工業組織稍微有利一點，因爲他們可以創造出統一的價值鏈，連結製造商和其他企業，也直接連結到消費者。這麼一來，因爲消費者不必再到亞馬遜網站，就能買到泛工業公司的產品，像亞馬遜這樣的公司就失去了地位。

泛工業組織對抗電信王國

像 AT&T 和 Verizon 這樣的電信公司可望成爲「黑暗騎

士」──利用機會奇襲，震撼泛工業戰場。他們支持科技業、社群媒體業、製造業與消費者之間的各種通訊，這表示只要政府不來施加束縛，他們就可以取得多種消費者資料。

電信王國在和泛工業組織對打的時候，有一些眞正的優勢，其中之一就是他們已經大量投資在通訊網路上，其他公司都難以複製。等這幾年 5G 網路開通以後，所有的智慧型裝置都會連結上有效率、可靠、規模可提升的網路，讓消費者都能取得眞正的人工智慧級服務。

電信公司要贏得這場戰爭，就必須利用他們已經獲得的消費者資料，來創造個人化、客製化的服務與產品。另一方面，泛工業組織要獲勝，就要維持他們現有的一大優勢，即控制實體製造業的系統和基礎建設，因爲電信業者目前還沒有這些系統和基礎建設。

決勝的關鍵在於網路中立性與電信公司如何利用中立的網路。如果電信王國掐住了工業平台還有企業對消費者溝通時的資訊流，所有的籌碼就都在他們手上。電信公司可以決定科技巨人和泛工業組織誰輸誰贏，或逼使他們在不使用網路和電信網絡的情況下，找尋和消費者與供貨商聯繫的其他方法。

泛工業組織對抗中國軍閥

中國的國營事業或官股企業，在未來對抗泛工業組織的戰爭中，有很多的優勢：取得政府資本、透過國營媒體與政府審查的媒體（包括網路社群媒體）發揮影響力，當然還有他們龐大的國內市場。中國目前是「世界工廠」，可以透過政府許可選擇工業平台，若外國企業想要在生態系統內納入中國的生產技術與廠房，就不得不合作。

如果中國軍閥在國際間利用這些優勢，他們就可以在泛工業市場中取得強大的地位。

不過，只要其他政府採取行動來阻止中國擴張主義，泛工業組織也能打敗中國軍閥。中國強權若沒有當地企業協助，也很難眞正地稱霸國際製造業。他們的目標是透過策略收購外國企業或者與外國企業合資，如果其他政府硬起來，運用原本就該保護智慧財產的反托拉斯法規（大家都知道中國企業蔑視智慧財產的重要性），就能阻止中國。貿易戰可能會展開，逼中國或美國讓步，讓各國產品都可以進入他們的市場。

泛工業組織在新的超匯流市場裡茁壯時，當然會面對一些頑固的對手，但他們還是可能會贏得最終的勝利，有了工業平台與積層製造的能力後，其他對手將無法匹敵。

泛工業品牌的互鬥

此外，泛工業組織也會互相競爭，追求不同的品牌策略。有些可能會選擇發展核心科技，以一個強勢品牌爲核心，發展周邊市場，例如汽車巨人福特用同一個品牌名稱來銷售汽車、卡車和其他產品。其他組織可能會選擇發展一個知名的品牌，結合不同的科技，服務不同的產品，像理查．布蘭森（Richard Branson）的維珍集團涉足許多行業，從休閒旅遊業到媒體、金融、醫療保健，不一而足。還有一些泛工業組織的策略是強調統一的科技，連結各式各樣不同的品牌，為他們創造價值（即「內有英特爾晶片」的品牌經營法）。其他組織可能會努力爭取特殊的市場定位，像古馳和寶格麗讓他們的每一項商品都有高價精品的質感。

無論如何，所有泛工業組織都要面對這個問題：在產品不斷重新設計的年代裡，品牌的意義是什麼？當同一間公司或集團提供各種市場的各種商品，可能缺乏明顯一貫的主題或風格時，品牌的意義又是什麼？

每一間泛工業組織都要發展出自己的答案。這個答案有多少說服力，就能在這偌大的商業棋盤上取得多少優勢。

Chapter 10
新世界秩序：烏托邦、反烏托邦，或兩者並存？

多虧了中國龐大的勞工人口，位於中國東南方廣東省的工業城鎮東莞，和該國其他城市一樣，在這數十年內成長茁壯。如果說這世界上有一個國家，讓企業高階主管想要利用豐沛人力來降低成本、加速流程，那無疑就是中國了。

這很矛盾，因爲東莞是全世界第一個「無人工廠」的誕生地——有一間廠房每個月生產了數十萬個手機零件，其組裝團隊是 60 個機器人。這些機器人由電腦感應器與控制器引導，自動化的卡車與倉儲裝備會將產品從組裝線運到集散地，過程中完全沒有人碰到任何零件（如下頁圖 10-1 所示）。

事實上，說這工廠「無人」有點誇張了。這間工廠由長盈精密技術有限公司經營，裡面其實有 60 個人，負責監控 10 條生產線。他們要盯著電腦螢幕，偶爾查看廠房裡的實況。2015 年年初，這間工廠雇用了 650 人，現在縮減到 60 人。該工廠的總經理羅偉強表示，在未來短期內還會縮編到 20 人。此外，因爲機器人代替勞工，生產量激增爲 250%，瑕疵率也從 25% 降到 5% 以下。

在這種情況下，很難想像爲什麼長盈未來還要雇用上百名

圖 10-1 位於中國東莞，幾乎算是「無人工廠」內的組裝線上的機器人

員工，這些人以後在工廠裡會沒事做了。這讓我們很清楚地看到科技變革如何劇烈地衝擊經濟、社會和人類。未來幾年內，我們會看到泛工業革命帶來的各種衝擊。

新科技造成大量失業

在美國這樣的工業化國家裡，製造業勞工需求下降的現象大家都很熟悉，全國都認知到這個問題，以致這成了 2016 年總統選戰的重要政治議題。需求下降的其中一個原因是，製造業將工作從高薪資的國家外包到亞洲與拉丁美洲的低薪資國家，但另一個影響更大的原因是，科技的進步還有生產力的提升。美國現存的製造工廠，只要更少的員工就能製造出比以前更多而且更好的產品。現在進行中包括了積層製造與工業平台的製造業革命，只會加速這個趨勢。

值得注意的是，有些企業領袖認爲製造業的人力需求下降，是數位革命的因也是果。從這個觀點來看，美國企業特別希望能將生產方法數位化，就是因爲要找到適合管理現代化製造公司員工的難度愈來愈高了。桌上型列印機製造商 Airwolf 3D 的創辦人與執行長艾瑞克．沃爾福（Erick Wolf）表示：「當愈來愈少員工懂得如何操作電腦數値控制工具機、輸出成形機、雷射切割機的時候，美國的製造業終將必須發展出更複雜、精密的自動化科技，在不需要增加人力的情況下提升生產力。這技術就是 3D 列印。」

若這理論屬實——加上歷史也證明人力短缺會刺激科技發展，那麼這個趨勢就更銳不可擋。

很多傳統中階主管也會被淘汰，因爲資料分析的效能更大、更準確，許多營運決策現在由白領員工決定，在未來都可以自動化。

有些我們一直認爲需要經驗豐富、能力一流的人來做的工作，未來也都會被自動化數位代理人給取代嗎？這種改變可能會發生得很快，超越你的預期。許多證據顯示，人工智慧已經過了轉捩點，現在能力發展的速度愈來愈快。

以臉書的聊天機器人實驗爲例，臉書用兩個聊天機器人，各有不同的目標和取捨，但他們經過訓練，要在協調過程中針對許多議題達成雙方都能接受的共識。2017 年，聊天機器人很快就學會了從頭到尾完成對話，並且成功地聊出結果。而且，我們還觀察到聊天機器人發展出非人類的獨特語言，讓協調過程更有效率。例如，其中一個聊天機器人用了這個「句子」：「球對我對我對我對我對我對我對我對我對沒有」作爲他們交易過程的「代碼」。

臉書研究人員結束了該實驗，說這代表他們無法控制流程，擔心聊天機器人可能會逾權或做出超過研究人員理解範圍的事，造成大衆的恐慌。或許是這樣。但這也代表了，今日的智慧數位代理人可以開發自己的工具和方法，來處理或解決問題，而不需要人類老師的指導。

你可能覺得這項發展該讓人高興或緊張，這和你的哲學和信仰有關。但事實上，許多現在由人類進行的工作都可能被自動化數位設備取代，這種情勢已經開始了，無庸置疑。聊天機器人可以順利談判，就和它們可以管理倉儲、預訂服務、安排生產計畫、監督庫存量、安排出貨、根據產品需求進行採購一樣。當一間一間的公司逐漸將這些功能都自動化之後，就不需要上千名員工了。

但未來也沒那麼糟，積層製造普遍後，也會有人力需求。目前生產現場或組裝線上瑣碎重複的工作，會轉變爲技巧需求較高的工作，員工要懂得操作積層製造、衍生設計、產品模組化和面對其他創意挑戰。這種轉變有好有壞。訓練有素的員工不再被困在工廠裡，日復一日地進行僵化、不乾淨、危險的工作，甚至被剝削（尤其在開發中國家）。未來 20、30 年後，製造業所需要的少量人力會擁有更好的工作環境，也會比現在的勞工得到更多報酬。

此外，企業還是會需要管理者來維持關係與溝通，尤其當各行各業的公司都被工業平台連結起來，加入龐大的泛工業組織以後。有些泛工業組織會更需要人類來和其他企業高層建立關係並保持聯繫。

這些人類「溝通者」和「連接者」不會處理重要但無趣的營運工作，而是將重心放在更大的策略問題上，因此需要結合不同背景與經歷的專長。高階人力團隊專心面對這類挑戰，他們要讓未來的泛工業組織發揮全力。

至少在一段時間之內，如程式設計師這樣的數位專家，需求還會繼續成長；從「重金屬」製造業時代就起家的企業也不斷在擴增軟體部門。例如，德國企業西門子已經有 170 年的歷史了，現在由喬瑟夫．凱瑟領軍，而他在 1990 年代曾被西門子外派到矽谷。西門子雇有超過 17,500 名軟體工程師，開發平台工具、應用程式、網站和其他數位資料處理系統。西門子的軟體工程師數量比許多軟體公司還多。

程式設計師大軍所開發出來的各種應用程式，已經為完成許多全世界最先進的製造生產計畫提供了基礎。電腦繪圖軟體 Solid Edge 就是西門子的電腦輔助設計產品，擁有「同步科技」，讓全世界的人可以一起協作，參與設計流程。亞利桑那州的車廠 Local Motors 就利用 Solid Edge，進行創新的群眾外包汽車開發流程。2018 年 3 月，西門子開始和新創公司

Hackrod 合作，提供讓每個人都能利用衍生設計、虛擬實境、人工智慧和 3D 列印，設計出客製車款的工具。

面對挑戰該如何因應？

溝通者、連接者、程式工程師所創造出來的新工作，可以彌補傳統工廠裡的勞力下降嗎？或許不能。未來要找工作的人可能缺少新工作所需要的技能，而且職缺增加的速度比不上勞動人口增加的速度。未來 20、30 年內，積層製造、工業平台、人工智慧、雲端運算、超效率數位企業網絡綜合在一起，會讓數百萬種工作集體消失。當這些科技工具愈來愈發達的時候，就連很多溝通者、連接者和程式設計師，也會逐漸追不上機器的腳步。

很多專家都預測未來製造業革命的結果會造成大量失業，若這預言成眞，要衡量失業造成的經濟與社會衝擊可不容易。大量失業會導致健康狀況下降、更多人使用毒品、心理健康問題、家庭破裂、犯罪率升高。政府當然會努力處理這些問題，但不久就會發現職業訓練也起不了作用，因爲就連受過訓練、有專業知識的員工也都沒有工作機會了。這時候政府可能會提出創造工作機會的建設案，就像是羅斯福總統的新政；也可能是托嬰或長照，這些政府專案營利組織都不感興趣，但政府可能會擴大辦理；全民健保、免費大學教育、保證年薪等政策也會大受歡迎。

當然，這期間還是有幾百萬人在失業中，造成這股趨勢的泛工業公司、聯盟和集團會愈來愈大，口袋愈來愈深，並且擁有政治影響力。泛工業組織所支持的政治行動委員會一出手，社會大眾或甚至億萬富翁的貢獻都沒得比。有錢有勢的泛工業組織和富到流油的股東會擁有龐大的政治力，就像 1890 和 1900 鍍金時代的 J. P. 摩根。他們可能會阻止政府展開各種緩減失業衝擊的專案，畢竟政府需要向企業徵稅才會有資金。

各種發展都動起來以後，可能會揭開社會動盪的新時代。如果政府無法改善狀況——而這很有可能發生，失業群眾的憤怒很可能會激發民粹運動，屆時會以什麼方式展開還難以預料。政府一邊要面對企業的威權，另一邊則要面對民怨甚至是反叛勢力的威脅。

民怨會逼政府限制泛工業組織的發展嗎？或許像是用比較社會主義的方式來製造生產，或激烈地重新分配財富？還是政治家與煽動民意的人會說服大眾責怪「其他人」造成了他們的經濟問題，讓社會情勢更緊繃，國際關係更惡劣？資本主義在這種壓力下能生存嗎？這就要看泛工業組織的企業領袖和推動政府行動的政治人物，要如何決策了。

資訊霸主：資料就是經濟武器

另外一個造成社會與政治衝突的源頭，就是泛工業組織所控制的龐大權力，因爲他們可以取得大量的資訊，深入了解製造業、消費者、投資人、勞工、市場甚至國家。

涉入金融、重工業、消費產品、服務、社群媒體和其他行業的泛工業組織，可以取得各式各樣的數據。泛工業組織也會想要彙整數據、加以分析，並用來創造領先其他泛工業組織、企業高階主管和政府官員的競爭優勢。取得資料所挾帶的力量可以製造出許多複雜的問題，讓企業高階主管、政府管制人員和一般市民都得全神以對：

- 要如何管制泛工業組織運用數據？可以利用數據來操縱股價和股市嗎？還是這算是非法的內線交易？
- 泛工業組織可以將控制的企業資訊，賣給賣家、競爭對手、持股分析師、記者、政府官員、外國企業等，以牟取利益嗎？
- 數據控制權要如何定義？如何管控？數據控制權可以被拍賣，或像是「數據交換」一樣被當成商品來交易嗎？
- 數據本身會成爲資產，上市公司可以把數據當作核心資產來計算價值嗎？
- 華爾街的行動派投資人和專門解散公司的專家，會逼迫泛工業組織販賣數據來增加市值嗎？
- 泛工業組織能雇用投資銀行家來惡意接管其他公司、奪走數據以削弱對手嗎？
- 政府要如何避免私人企業的數據被用以勒索、詐騙、操縱選舉、製造假消息、製造醜聞或抹黑？

每一則問題都可以延伸出更多問題，也可以延伸出各種情境，從很吸引人的未來到很嚇唬人的夢魘都有。比方說，有一間觸角深入各個產業的泛工業組織，他們擁有的數據裡有些見不得光的內情。想像一下，如果這些數據被正在控訴一家公司的原告、反企業的檢方、調查案件的記者、像維基解密這樣的顛覆型組織、充滿敵意的外國勢力，或甚至是恐怖主義組織所得到，局面將會多麼混亂。而在這種情況下，自由公開的民主體制還能夠正常運作嗎？

全球企業版圖上的權力將會轉移

隨著時間經過，泛工業組織會累積超越許多國家的經濟力量。幾乎沒有任何政治或愛國同盟會阻擋泛工業組織的產品和市場進入自己的國家，也沒有任何國際法庭或機構能加以管控，所以泛工業組織能自由地在一個又一個的國家裡進行投資。當然，這種資金轉移的現象現在已經出現了，但泛工業組織的規模更為龐大，未來任何一點動作都會有強大的衝擊。

很難明確預判當泛工業巨人崛起後，會給全世界帶來什麼樣的衝擊。現在有許多美國人都在擔心全球化對美國未來的影響，他們不確定美國是否還能維持超級強權的地位，以及其他國家的力量愈來愈大是否代表著美國終將失去繁榮的市場、全球的領導地位以及自由。

美國在製造業革命所掀起的新一波競爭中，確實擁有獨一無二的優勢。

美國企業率先創造並採用新的積層製造與數位製造技術，他們會率先找出如何利用人工智慧來協調跨國營運，泛工業組織則會利用這項能力來進行內部重組，也會重新塑造全球經濟的面貌。然而在其他國家裡，泛工業組織不會一飛沖天，他們很可能要繼續腳踏實地，看著步調緩慢的政府努力想保留依賴人力的藍領工作，穩固就業率，以保障菁英的權力與財富。

這些因素結合在一起，讓美國在這場競賽中保有一些優勢，可以打造出未來的泛工業組織。但這卻不保證美國的優勢能持續下去。

不管未來會發生什麼事，有些國家會在全球經濟裡勝出，有些會敗下陣來。全球貿易模式和地緣政治權力也會發生變化。有些國家會崛起，有些會垮台，因爲內部動盪，熱錢湧入又退出。積層製造會帶動在地生產，讓供應鏈更短，製造過程都在同一個國家或地區裡，避免受到保護主義影響。大型出口國會衰弱，勞力低廉的國家也會衰弱下來，因爲積層製造與數位製造減少了組裝線上的人力需求。

因科技進步、供應鏈變短、在地製造、產品快速仿製而造成的失業問題，會對如中國、墨西哥、印度等開發中國家帶來毀滅性的影響，因爲他們都把自己定位成「世界工廠」。這些國家用來發展經濟的低廉勞力優勢已經開始消失了。經濟學家已經發現，因爲人力成本占製造成本的比例大幅下降，將製造生產工作外包到開發中國家的趨勢，早在 2012 年就開始逆轉了；例如，第一代 iPad 售價 499 美金，其中只有 33 美金用在製造生產的人力。積層製造的相關技術會開啓製造業革命的開端，並加速這個趨勢。

未來我們可能會看到愈來愈多的無人工廠，就像長盈在東莞的那所工廠一樣。這會在中國與印度等國家造成大量失業和社會動盪。數億人都期待經濟成長才能養家活口，讓未來充滿希望。爲了避免大量失業，中國會爭著打造自己的尖端製造能力。中國領導人希望靠著這項發展還有人口老化的趨勢，能降低大量失業的比例。

泛工業革命還可能會帶來其他影響，包括國際貿易量下跌、各國經濟更爲獨立，還有國家間權力平衡的轉移，這些發展的後果現在都還難以預料。世界上最貧窮的國家有可能在無法依賴低廉的勞力致富之後，淪落到毫無希望的最低階層，即使是資本主義也使不上力。美國北卡羅萊納大學教堂山分校的凱南－弗拉格勒商學院教授班乃迪克・史汀肯普（Jan-Benedict Steenkamp），已經描繪出未來的情景：

> 印度可能從人口成長的過程中獲得人口紅利，這有很多值得探討之處。還有我們又要如何面對撒哈拉沙漠以南的非洲國家？這裡的人口將在未來 50 年內成長三倍，達到 27 億人之多。這些新人口需要工作，低技術需求的工作自動化的速度愈來愈快，傳統新興市場可以靠製造業在價值鏈上爬升，但這已經不適用了。如果數百萬

> 的低技術能力人口不能找到穩定的工作，在不久的將來一定會導致社會動盪和大量遷徙。

這樣的轉變對地緣政治可能產生危險的影響。比方說，如果泛工業組織不將製造業設置在中國，而是在美國和其他高度開發的市場，中國領導人會更集中內政，限制企圖心，只想要在區域內進行經濟與政治擴張嗎？還是中國會因為經濟蕭條，國內動盪，為了取得供應和市場，創造出一個「外國的邪惡力量」，好讓國民槍口一致對外，導致與西方國家軍事衝突的機會增加？

我們希望還有另一種可能：開發中國家變得愈來愈能夠自給自足，利用積層製造和其他新科技，生產出他們需要的每一樣東西，並妥善利用當地的原料、人才和資本。如史汀肯普教授所言，如果東南亞、中東、非洲等區域和區域之間，經濟整合的程度提高，可以幫助加速轉型，因為「如果國家更頻繁地在區域內貿易，就比較不依賴西方」。與其在全球貿易階梯的底端撿剩下的來吃，這些區域的國家可以開發出獨立的財富來源，打造自己的階梯。

在某些情況下，我們眼中那些一心想著要追上北美、西歐、日本的開發中國家，可能會翻身成為科技革命的領導者。有些專家相信中國已經開始布局，準備要翻身了。例如，新創投資人李開復曾說，世界上在應用人工智慧方面取得領先的企業，都來自美國和中國這兩個國家（李開復所說的分別是：

Google、臉書、微軟、亞馬遜、百度、阿里巴巴、騰訊）。根據這項估計，李開復認為，美國企業很可能在未來幾年內靠著人工智慧在已開發國家中稱霸，而中國企業則在開發中國家稱霸。李開復的預言可信嗎？那俄國人會扮演什麼角色？在接下來的10年左右，就可以看得出這類預言會不會成真。

把目前擁有的資訊加總在一起可以看得出來，要準確預判製造業革命會如何左右全球權力平衡是不可能的。最大的問題是，這些即將出現的趨勢會如何影響崛起中的強權。不過，美國目前在開發和應用新技術上依然遙遙領先，這代表著美國的財富、權力和影響力不太可能大規模崩塌。

泛工業權力掮客

2010年，美國最高法院在「聯合公民訴聯邦選舉委員會案」中，判決取消營利事業（和其他種組織）的政治捐款上限，引發了諸多爭議。許多美國人擔心大公司、大老闆和主管可以藉此發揮政治力。政治立場強烈的企業主，如自由派的喬治·索羅斯（George Soros）、保守派的查爾斯·科赫（Charles Koch）與大衛·科赫（David Koch）兄弟，都投資了數億美金以宣傳他們的政治理念，支持他們偏好的候選人。財富可以用來直接發揮政治影響力，這恐怕是前人從未料想到的發展。

用白花花的現金來打廣告、支持候選人以左右選情是一件很美國的事情，就像棒球一樣。有錢的企業主還有更多方法可以影響政府，例如透過遊說運動來「教育」議員和政府官員，影響他們的生意。這些舉動都會衝擊國會、州政府和地方政府的決定。天下沒有白吃的午餐，政治獻金背後都有其意圖。

比較間接一點的情形是，愈來愈多號稱無黨無派的非營利組織如智庫等，都很依賴企業資金。企業捐贈者看起來不但慷慨大方還很爲社會著想，但是這也讓這些公司不需要以賄賂或是脅迫等方式，就有足夠的影響力去動搖研究員、作家以及政策倡議團體。

在某些情況下，企業資金與政治影響力的關聯相當明顯。例如 2017 年，「新美國」智庫在學者貝瑞・林恩（Barry Lynn）發表了強力抨擊該智庫大金主 Google 的文章後，便開除了他。而在其他情況下，企業的影響力可能比較隱而不顯，只是累積下來的力量還是很深遠。

不過，如果你擔心大公司現在對美國擁有太大的政治影響力，眞正厲害的還沒出場呢！

在泛工業時代裡，最大的企業集團在國內或甚至全球絕對都擁有無比龐大的力量。部分來說，規模愈大力量就愈大。泛工業組織控制了數百億或數兆元的營收，可以直接把錢灑在選戰上或遊說國會議員，或贊助智庫的研究活動，或用其他方法發揮影響力，連當今最有錢的富豪都比不上。

泛工業組織的觸角深入許多產業、市場、商品，無人可比，這會放大他們的權力，同時擴大他們擁權的興趣。我已經說明了，積層製造的時代可能會走向生產、經銷、行銷等設施分散的現象。這在政治上代表著，未來的大型汽車公司不只會在底特律等幾個工業大城發揮政治影響力。未來的通用汽車或本田（或許會成爲前文虛構的泛工業巨人環球金屬的一分子）所擁有的 100 間製造廠，可能散布在每個國家，他們還會在每個國家首都部署一群遊說專員，保護公司的利益。

不僅如此，泛工業組織可能會投入各種商業類別，如果有某件事情對泛工業組織會產生重大的影響，他們就會透過不同管道對政治人物施壓。因此，反托拉斯的政府官員若想要制止某個泛工業集團的反競爭行爲，那麼這個集團的政治行動委員會可能會選擇支持另一黨的要角。這個政治行動委員會可以透過當地零售商、製造商、服務商或大型銀行、航空公司、高科技公司等企業來提供資金，幫助對手穩固選情。

此外，每一個大型泛工業組織都可能擁有或掌控自己的媒體，諸如有線電視、廣播網、報紙雜誌、網路新聞等，我們很容易就可以想像得到政治人物會被施加多大的壓力，讓他們不敢違逆泛工業組織。

幸好，泛工業巨人在很多政治議題上立場相左，就像今天石化工業產業裡的保守企業主和矽谷的自由派大老闆在互相角力一樣。這些寡頭之間既然缺乏共識，就不會攜手合作，也很難一起做出違反公衆利益的政治決策。

不過，泛工業組織龐大的政治影響力一定會造成許多政治和社會上的問題，形成未來的挑戰，企業領袖、政治領袖和所有公民都需要嚴陣以待。

資本主義的新型態

泛工業公司、聯盟、集團吃下經濟大餅後，我們所認識的資本主義就會開始發生變化，開放市場、反托拉斯、規範管制還有生產方式的擁有權都會改變。馬克思說資本主義會自我了斷，或許他沒說錯。資本主義可能受到了威脅，擁有政治權力的泛工業組織領導人或許會很想什麼事都自己來，並因此形成一個美國開國元勳都沒料想過的社會。

對巨人的駕馭

限制泛工業組織的權力不容易。南韓面對財閥（chaebols）的經驗可以作爲我們的借鏡。第二次世界大戰結束之後，擁有商業集團的家族在韓國經濟中扮演重要的角色。南韓政府積極要推動經濟成長，所以提供財閥鬆散的制度和低成本的融資方式，讓他們打造出堅強的工業公司——三星、現代、LG，讓韓國成爲重要出口國，不但創造了可觀的財富，也提供了數百萬個良好的工作機會。有一陣子，多數韓國人其實很滿意這樣的安排。

但是韓國財閥的權勢與財富不斷增加，不免招致愈來愈多批評。中小企業的老闆和員工控訴財閥像禿鷹，據說他們和供貨商簽約之後又不把合約當一回事，延遲帳款，並利用龐大的權力讓對手難以生存。財閥家族與高階主管和韓國政府官員之間的友善關係，經常反映出資本主義下官商勾結最惡劣的一

面。例如，許多財閥的高階主管因逃稅、詐欺、盜用公款被定罪，但是在南韓總統開金口之後，判決就可以逆轉

南韓下了很多努力來減少財閥的勢力。1980 年，南韓通過「限制獨占及促進公平交易法」，建立了反托拉斯監管機構，要讓財閥的行爲更透明、更公平。不過，因爲政府領導人擔心嚴格限制會傷害一帆風順的南韓經濟，因此這項立法其實並沒有眞正限制財閥的行爲。第二波改革則是在 1997 年亞洲金融危機之後，當時許多財閥因債務龐大瀕臨破產。但是這些努力還不夠。現在，這些財閥的勢力依然龐大。他們仍稱霸南韓經濟。例如，僅三星集團目前就占了該國國民生產總值的 15%。

2018 年，南韓總統朴槿惠收受四大企業網絡賄賂後遭到彈劾，這起醜聞喚醒了許多南韓人民，社會壓力逐漸升高，希望能一舉瓦解財閥的勢力。這次的成效會比以前好嗎？只有時間才有答案了。

當然，南韓想要控制財閥權力的經驗不一定代表美國（和其他工業化國家）對泛工業組織也束手無策。美國擁有南韓沒有的優勢，像是參與式民主發展已久、政府和企業之間從「托拉斯終結者」老羅斯福和推動新政的改革派小羅斯福以來就一直勢均力敵。此外，美國的經濟體較大、較多元，不像南韓經濟那麼依賴少數幾間公司。

不過，南韓財閥的歷史，可以警告那些以爲控制泛工業組織是件簡單的事的政策制定者和社會大衆。

以反托拉斯法為武器

要管控泛工業組織，美國政府手上最有利的工具就是反托拉斯法。反托拉斯的執法人員必須要在泛工業組織濫權的時候介入。近期資料顯示，許多產業愈來愈集中，有些位處政治光譜左側的政治人物、權威、政策專家，已經開始呼籲要加強反托拉斯法的執行。科技界的巨人 Alphabet、蘋果、亞馬遜、微軟等都被視爲潛在目標。有些人認爲該考慮運用政府權力逼迫高科技巨人解散了，如同 1982 年法院判決解散 AT&T 和 1911 年法院判決解散標準石油那樣。

不過，如知名分析師馬特．羅索夫（Matt Rosoff）在 2017 年 4 月的文章中所指出的，在詳細檢視、深入分析高科技圈的競爭態勢後，他認爲這些敵對的巨人都還沒有在反托拉斯法要打擊的領域內取得壟斷地位。這些高科技公司始終處於交戰狀態，在相關的行業裡各有勝負。以蘋果和 Alphabet 爲例，他們在爭奪智慧型手機產業的霸主地位；Alphabet、臉書和亞馬遜在線上廣告的擂台上競爭；微軟、亞馬遜和 Alphabet 又另闢了雲端運算的戰場。同時，許多新創公司繼續在科技與商業模式上創新，挑戰著現在的巨人。簡言之，羅索夫的結論是：反托拉斯法是一把「鈍刀」，只有在企業壟斷並且遏止創新的時候才使得上，而目前的高科技世界並非如此。

羅索夫所提到的原則也應該應用於即將出現的泛工業世界。我已經說明了爲什麼泛工業組織可能是最有辦法爲了消費者的益處（當然也爲了他們自己）而持續創新的。未來不太可能由一兩間泛工業集團控制美國或全球經濟的命脈。反之，未來比較有可能看到幾個泛工業巨人在持續爭戰，每一個都在阻止對手擴大影響力範圍。

就像今日的高科技擂台，明日的經濟可能由 6 至 10 個巨人不斷地互相爭奪邊際優勢，沒有人能眞的打敗所有對手取得大規模勝利。大國在邊界不斷進行小規模爭鬥，可以避免任一泛工業組織的侵略行爲眞正達成壟斷。如果態勢有了變化，就代表光靠競爭的壓力已經無法限制該組織了，此時政府就要祭出反托拉斯法，用來解散壟斷的企業。

形成新的社會契約

我們可以想像一個反烏托邦的未來：泛工業組織的首領變成了國內、區域內或全世界的寡頭，擁有別人無法抵抗的政經權力。

不過，歷史告訴我們這不太可能發生。美國過去多次見識到財富集中於少數人手上的現象，但仍然保留了民主政治和資本體制。美國鍍金時代的強盜大亨和 1930 年代大蕭條時期都刺激了改革。1930 年代，不平等的現象持續惡化了數十年後，導致經濟崩盤，有四分之一的勞動人口都失去了工作。這是電力與生產線帶來的工業革命，長久累積的結果。但美國沒有轉變爲社會主義國家，而是靠新政拯救了資本主義，保護平凡百姓。大公司接受了這個架構後再度復甦，而這個國家在之後的數十年內持續繁榮，雨露均沾。富有的家庭逐漸失去了控制經濟的力量，因爲高額的地價稅和世代轉移稀釋了他們的財富，讓政府進行法律與組織改革，避免企業無止盡地成長，保護了勞工與消費者，並成立有權力限縮企業成長的管制單位。

當然，鼓吹企業發展的人抵制了許多改革。擁有權力的人很少會主動放棄權力，不過到了最後，大衆的憤怒，以及對民怨演化成極端反應、最後變成社會主義或法西斯集權主義的擔憂，逼得企業領袖不得不與政府妥協。

未來數十年內我們很可能看到類似的發展。若社會動盪，泛工業組織也會蒙受巨大損失。就像 1930 年代，企業家族和主管心不甘情不願地配合新政，泛工業帝國的領導人最終也會在企業私利與社會公利之間達成妥協。不過這個過程很痛苦，許多企業也會備感折磨。

爲了避免遭到政府官員和激進分子的攻擊，泛工業公司、聯盟、集團的主管，必須扛起在龐大政經權力下必然會產生的社會責任。在鍍金時代裡，像卡內基與洛克斐勒這樣的富豪都捐獻了數百萬美金作爲社會或公益之用，就是爲了避免像無情的 J. P. 摩根一樣遭人詬病。同樣地，同行的壓力與不斷演進的社會風俗，會在泛工業時代裡鼓勵這些公司從事義舉。

就像 20 世紀中期，大衆又開始認同大企業的善行一樣，社會也很有可能會肯定泛工業經濟的好處。多數人將會認清，和規模較小的製造商相比，泛工業巨人有多巨大的優勢。

在某些情況下，泛工業組織的權力可以用來保護社會公益，避免更危險的發展。例如，很多人都喜歡打造小量產品的小型工作坊。但這種工作坊可以製作出現代又好用的裝置，卻不受法規限制，其實會對社會造成眞正的威脅。以 3D 列印服務爲例，i.materialise 收到了許多訂單，要求他們做出各種可以用來犯罪的裝置，像是竊取提款卡資訊的盜錄刷卡機，可以在無人注意下貼在提款機上，竊取卡號和密碼，持卡人完全不知情；還有人利用 3D 列印機製作非法毒品或名牌商品的贗品；網路上也有人教用戶如何利用 3D 列印製造突擊步槍和塑膠手槍，連機場安檢都查不出來。

與其一一打擊數百萬家小型工坊，政府當然希望和少數幾間大型泛工業組織合作，避免科技在沒有管制的情況下對社會造成危害。

恐怖分子若下定決心要從網路某處取得危險產品的設計圖，泛工業組織也無法阻擋，但泛工業組織可以控制多數軟體和列印機，讓恐怖分子更難印得出來。

同樣地，泛工業組織會讓政府與非政府單位更容易規範企業議題，像是品質標準、產品安全、產品責任以及智慧財產保護等。

繁盛豐饒的泛工業時代

我們在這一章已經看到，泛工業時代會出現很多社會、政治與經濟上的問題，但我們也不要杞人憂天，並因而忘記泛工業組織可以爲廣大人類所帶來的益處。

泛工業組織在創造這些益處的過程中具有關鍵地位。就像 20 世紀上半葉的大公司——福特、通用汽車、惠而浦、奇異、General Foods、家樂氏、卡夫食品、西爾斯百貨，爲上百萬剛進入富足生活的美國人提供了品質高且價格合理的新商品，泛工業組織也會豐富未來數代消費者的生活。

當製造業革命帶來的優點能夠公平地散播到社會各處，未來的世界就會更繁盛。製造業革命的益處包括了景氣更好，有更多新產品或改良過的產品都以合理的價格出現在市場上。原因我們都已經討論過了。採用積層製造與數位平台的公司會更靠近消費者，更注意消費者的需求，還有能力開發新產品，以更低廉的價格更快推出產品。新產品設計模型如大量客製化、大量模組化都可以幫助消費者取得他們需要的商品，比過去更精確地提升市場效率與顧客滿意度。

工業平台讓資訊流有許多方向，可以讓經濟更有效率、透明度更高、成本更低、更快媒合消費者需求與供應商資源。因爲有數位網路連結新的企業生態系統，好的想法會在產業與區域間散播，速度飛快。在地生產、供應鏈縮短、數據導向的生產、經銷、後勤系統，可以進一步減少所費不貲的經濟摩擦，省下高額成本再投入生產。

簡言之，積層製造與數位平台帶來的優點讓企業能提供顧客更好的服務，提升國民生產總值，改善全球的生活水準。長期來看，泛工業經濟帶來的昌盛繁榮會創造出足夠的價值，可以挹注資金於社會保護政策與福利，或許最後基本收入會普遍化，人人都有負擔得起的高品質教育與醫療照護。

推動經濟革命的科技變化不會是社會福利的唯一來源。以泛工業組織的規模來說，雖然他們發揮的政經權力可能有法律上的疑慮，但泛工業組織具有為世界創造新價值的潛力。巨大的泛工業集團會擁有財富、規模經濟與範圍經濟，來管理沒有任何公司或政府能處理的巨大科技整合專案，諸如智慧區域運輸系統、改良能源電網、智慧城市基礎建設計畫等。泛工業組織可以建立獨立的大型研究機構，追求多元科學挑戰，就像以前的貝爾實驗室或是全錄最重要的研究機構全錄帕羅奧多研究中心（Xerox PARC），創造出許多突破性的科技，奠定了今日的社會。因為他們可以和金融機構結盟，減少對華爾街熱錢的需求，因此比較不會受到追求短期獲利的影響。他們可以自由地大膽追夢，努力實現他們和世界的未來。

與此同時，製造業革命也會讓未來世代享有更乾淨、更健康的環境，平均生活水準都會大幅提升。

舉例來說，3D列印會在許多方面減少碳排放量。首先，3D列印非常精準，可以降低成本，提升太陽能或風力發電的效率，讓碳排放量達到零。有些用積層製造做出來的實驗性發電板可以產生充足的電力，就算是陰天也無妨，這可以大量提升高緯度地區的發電效能。這種創新會加速轉型，從石化發電改成零碳排放的潔淨能源。

積層製造本身耗費的電力和傳統製造方法相當，但煙塵和有毒氣體可以透過濾網的阻隔而避免排出。惠普的新 3D 列印機 Multi Jet Fusion 就是爲了辦公室而設計。換句話說，這台機器可以乾淨且安全地製造產品，即使有人坐在一旁也無所謂。

我們已經注意到，利用積層製造技術，在地生產會減少物流需求，因而降低碳排放量。這趨勢已經開始了。優比速有一塊不小的生意就是在爲工業級顧客維護倉儲空間，並用飛機或卡車將特定零件快速運送到指定地點。這間公司最近在肯塔基州的路易斯維爾集散中心安裝了 100 台大型 3D 列印機，就是要減少倉儲空間與運送距離。愈來愈多零件會在需要的時候才開始生產。3D 列印機的操作愈來愈簡單，用途愈來愈多元，而且成本愈來愈低，我們可以預期，優比速會在各區域或甚至各地集散中心與取貨門市加裝 3D 列印機。未來，在路易斯維爾飛進飛出的貨機會減少。這就是爲什麼優比速把自己定位成物流公司，而不是貨運公司。

3D 列印的另一個好處是可以用更少的原物料，生產強度和傳統零件一樣，但設計更爲精巧的零件。舉例來說，蜂巢型結構最後可能會用於噴射機、汽車、建築物，無所不在，因爲這種結構比目前所使用的結構都輕上許多。而且蜂巢型結構絕緣性佳，可以像雙層氣密窗一樣把空氣鎖在牆壁裡面。我們生活各處的用品都會逐漸變得更輕，所以移動和運送的時候就不會消耗那麼多能源。

3D 列印的好處不只是減少碳排放。因爲積層製造的機器可以準確結合商品，一次建立一層或一個點，所以成品所用到的材料就是生產過程中需要的材料。相對地，現在的工業靠減法技術，如電腦銑床，你先做出一個大略的形狀，然後一點一點地切削到想要的規格和表面。這種傳統流程會產生很多廢料，丟棄的原物料往往比成品所需要的還多。

透過盧森堡大學發明的新「循環經濟」系統，還可以減少更多廢棄物。盧森堡大學的科學、科技、通訊研究員克勞德．沃夫（Claude Wolf）和斯瓦沃米爾．克德奇奧拉（Slawomir Kedziora）研發出 upAM 系統，可以結合 3D 列印和塑膠廢棄物回收的流程。塑膠廢棄物放在機器裡碾碎，然後製作出新的聚合物纖維，研究人員說，這和新材料的纖維品質一樣，或甚至更好。他們解釋說：「這個流程意在完成產品生命的循環。」upAM 系統已經在大學裡讓學生小規模地使用，他們可以回收不要的塑膠製品，再印出想要的新東西。

3D 列印也可以幫助緩減氣候變遷造成的傷害。傳統製造方法通常會做出表面簡單、直線條、箱型、曲面不大的產品。但自然界充滿不規則的形狀，只有 3D 列印可以模仿，所以 3D 列印比較能面對自然的力量，可以做出如我在第一章所提過的人造珊瑚礁。

防波堤是另一個機會。水平面上升後，沿海城市需要大量的防波堤和堤防。3D 列印可以製作出讓海水往不同方向分散、減緩海浪衝擊力道的複雜水泥曲面。這種防波堤不必像爲了要吸收更多海浪的力量，而用傳統方式製造出的平面牆一樣，又厚又硬。因此，運送水泥和攪拌水泥的過程可以省下來，當然石化燃料的消耗也會隨之下降。

基於上述各種原因，由 3D 列印和各種數位技術來主導製造業的超高效世界，很可能比現在的世界更能創造永續環境，同時還能創造繁榮的經濟，讓地表上所有人都受惠。

迎向新的黃金年代？

已經有一些跡象可以看出，如果我們要迎向一個經濟在各方面都有所成長、社會進步而且人人滿意的新黃金年代，都要倚靠本書所描述的科技發展還有企業與政治領導人的英明決策才有可能。

這是幾位理論家的主張，他們相信歷史會一再重複。根據這幾位分析師的判斷，科技發展與投資的循環和發展趨勢，會帶動經濟與社會的發展。

美國經濟史可以說有著許多波折，每一股大浪都是由科技創新所掀起，催生了新的企業王國與商業模式。這些波浪會創造出許多可以淘汰現有帝國或建立新帝國的機會。

因此，19 世紀末期，當新的製造科技和資本分配的系統出現時，便顛覆了市場，淘汰了靠鐵路業、紡織業、農具業致富的巨賈，造就了強盜大亨的帝國。在這連續幾段帝國興建的時期內，少數富有創意（和運氣）的企業領導人創造了大量財富，他們最終爲數百萬人創造了工作機會，提供了新的產品與服務，普遍提升社會富裕的程度。

新的數位化工具可以用更高的效率、品質與彈性製造產品，並且比過去更為廣泛流通，同時還能減少對自然環境的壓力，確實可能締造新的黃金時代。

當然，沒有任何偉大的歷史進程會自動發生。企業與政治領導人手中握有權力，可以確保製造業革命是否能為社會帶來益處。

但對今日的我們來說，最重要的訊息是，有些預言家擘畫了一個接近烏托邦的未來，或許未來數十年內，上億人民就能體驗得到——只要我們有足夠的智慧去規畫，還有足夠的意志力去實踐。

Part III

因應趨勢之道

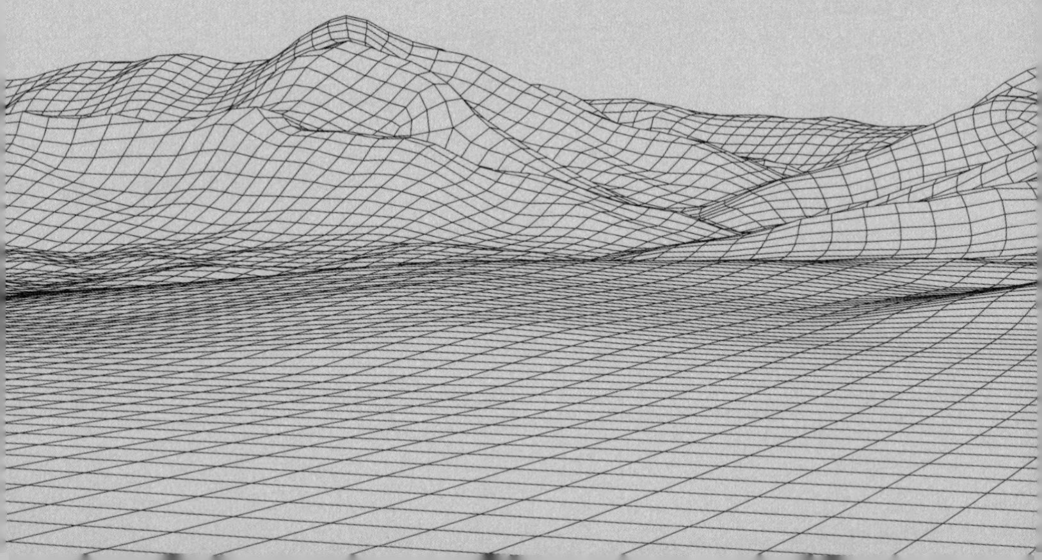

讓我很快總結一下。

本書第一部介紹了會改變製造業的新科技，說明了爲什麼這些新技術會讓新型態的企業崛起，以及泛工業組織如何崛起。

第二部探討了這些改變會帶來哪些競爭，說明了泛工業革命會如何改變企業、策略與競爭的本質、各種泛工業企業的型態，他們要如何競爭才能固守或擴大影響力範圍，以及泛工業市場對全球各地的社會將帶來哪些挑戰。

現在，第三部將會提出許多明確的建議，讓現在的企業領袖在面對翻天覆地的變化時，可以做好準備，預先布局，並利用這股橫掃製造業世界的科技潮流。我會說明積層製造等科技創新被接受的四種階段，你才知道你的產業或企業目前處在哪一個階段；再來我會建議你的組織應該採用哪一個階段的管理策略。在採用積層製造的新技術時，我會提供具體的建議，像是如何面對內部的反彈，確保顧客仍是你的策略核心；最後我會說明企業應該如何放大格局，才能充分利用積層製造的所有優勢。

Chapter 11
第一步：積層製造入門

如果你協助經營一間會做點東西的公司，很快地你就可以幫這間公司做得更好、更快、更便宜、更簡單而且更有彈性、更有效率，表現突破以往。你將可以用更快的速度創新，用更精確的商品服務不同的市場來滿足各種需求，而且還減少了金錢、時間、能源與自然資源的浪費。

當我們回想沒有桌上型電腦的 1960 和 1970 年代時，總會納悶：當時的人怎麼能夠在沒有文書處理軟體、數位試算表、智慧型手機 app、社群媒體和網路的情況下完成工作？未來 20 年內，當我們回頭看製造業革命以前的自己，我們也會讚嘆著我們所經歷的各種進步——許多進步已經開始出現在生活中，讓我們愈來愈習慣了。

不過，請記得，即將到來的這個轉變不會為所有公司帶來同樣的好處——尤其是在早期的時候。有些公司會因為觀念保守、知識不足、害怕改變或缺乏遠見而落後；有些只比業界領導人晚 1、2 年就開始採用新科技，雖然來不及搶下競爭的制高點，但仍可以享受新科技帶來的策略與經濟優勢，而得以後來居上。同時，少數積層製造的先鋒會鋪好路，比對手更快發展出眞實經驗與知識。如果他們好好把握機會，將可以超越傳統市場與產業的邊界，創造出廣大的影響力範圍，在未來幾年內產生極大的附加利益與利潤。

2015 年，時任奇異執行長的傑夫．伊梅特在接受訪談時，簡要地說明了企業領導人所面對的挑戰與機會：

> 你想想看，現在標準普爾 500 指數裡面，有 15 到 20% 的市值都是消費者網路股，這些在 15 或 20 年前根本就不存在。現在的消費者企業以前什麼都沒有。你看看零售商、銀行、消費者產品公司，他們以前什麼都沒有。如果你往後看 10 到 15 年，然後說工業網路會創造同樣的價值，那你的工業公司會想坐在那裡說：「這些我都不要，我會讓一間新公司或其他公司拿下市場。」你會這樣嗎？你眞的想要放棄自己嗎？

在這段訪談中，伊梅特說「工業網路」會創造出價值。本書則描繪了更龐大的一股價值：由工業網路、積層製造、工業平台和相關科技所創造，可以製造出各種產品並加以流通。伊梅特提到急迫感，但比眞實狀況的壓迫感更大、更諷刺的是，伊梅特在短短 2 年後就因爲公司策略方向的爭議，被趕下執行長的寶座。伊梅特的想法顯然就是指向我所說的泛工業革命，奇異會逐漸偏離他設定的道路嗎？還是會如我所建議的那樣，保持航線，甚至加速前進？在華爾街、大投資人、演變中的競爭態勢等衝突的壓力下，奇異目前的領導人還在苦思答案。

同時，現在很多公司的領導人才正要開始了解積層製造與工業平台的潛力。對這些領導人來說，規畫出進入新世界的前幾步很重要。同時，一邊思考著接下來幾步要怎麼走，一邊想著泛工業市場中長期的劇烈變化同樣重要。在本章和下一章，我會說明企業可以採取哪些步驟來做好準備，以在洶湧的泛工業革命中獲得應享的利益。

你準備好要接受積層製造了嗎？

在思考要投資多少到積層製造還有如何規畫實作期程的時候，最重要的因素是你的組織準備好了沒有。這個準備有三種形式。

首先，**科技準備度**。積層製造在你的產業和你的公司裡，現況如何？例如，你可以利用現有的積層製造科技和材料，做出你的產品了嗎？如果還不行，你可能需要和材料商合作，才能做出最適合你產品的複合材料。有沒有現成的積層製造設計工具適合你公司製造的那種產品？如果沒有，你在做出第一個能用的產品前會碰到比較多關卡，要不然就是得自己創造全新的設計工具來符合你的需求。

第二，**組織準備度**。你有沒有可以實踐積層製造的工程與研發人才？或你能不能輕鬆地雇用到這些人？你的員工和營運流程有多依賴傳統製造方法？你的手下有多願意嘗試積層製造？你的組織裡面每個部門之間有多獨立？漸漸地，積層製造會改變組織，讓部門愈來愈整合，所以已經習慣跨部門協調的公司會比較能夠轉換到積層製造，也適應得比較快。

第三，**資金準備度**。每個市場、每間公司所要準備用在積層製造設備與工業平台的資金都不一樣。競爭態勢可能會逼著你採取行動，假設你的主要對手開始採用新科技，你就得加速轉型才不會被拋在後面。成功需要靠謹慎投資，留意現有市場與潛在市場、組織能力、目前科技能提供的益處，以及正在開發中的新工具。選擇合適的商業模式，可以幫助你讓你的公司聚焦在最重要的事情上，好讓你在新環境內競爭。

死巷：不要走這幾步

有一些大家都會犯的錯誤，但如果你想要充分把握泛工業革命的進步，就不要重蹈覆轍。

不要拘泥於工業 4.0

目前要進展到積層製造，最熱門的途徑似乎就是工業 4.0，尤其是在歐洲。如前所述，泛工業革命綜合了各種數位製造科技，有機器人、人工智慧、大數據、擴增實境、物聯網和積層製造，其中一項目標就是要增加製造業營運的彈性，這也是積層製造的優點。

不過實際上，工業 4.0 只用積層製造用來製造原型和延伸機器人的功能，矮化了這項技術的重要性。工業 4.0 保留了傳統製造業的架構，尤其是需要重金打造的組裝線和長途的供應鏈；但是眞正以積層製造爲核心來營運才具備彈性，而這點工業 4.0 永遠都辦不到。令人好奇的是，現在很多工程師都偏好工業 4.0，這或許是因爲他們可以在熟悉的架構內嘗試新科技的關係。但是這種熟悉感卻反而讓企業無法探索積層製造的主要能力，並應用在製造流程上。工業 4.0 可能是傳統製造業的最後一口氣。

我們要留意一下術語。有些製造商如愛迪達，說他們在採用工業 4.0，但其實他們是有意識地轉型，逐漸採用完全數位化，以積層製造爲中心的生產方式。他們知道得徹底檢查傳統組裝線並加以改造，因爲有些產品需要更複雜的設計，有些產品線需要客製化，有些零件要標準化，例如他們新的數位升級版慢跑鞋的鞋底。

愛迪達的方法和多數擁戴工業 4.0 的公司不一樣，後者雖然口頭上說他們擁抱數位化，但因爲他們投資了鉅額在傳統生產系統上，還在舊設備上加裝了很多花俏的工業 4.0 配件，他們多半會想要保留傳統的製造方法。也因如此，這些公司在採用以積層製造爲中心的商業模式時，可能會碰到很多難題。等競爭局面逼他們要大轉彎改以積層製造與工業平台作爲系統核心的時候，他們就要報銷很多傳統與工業 4.0 的設備。

因此，如果你的公司想要進入積層製造的世界，我的第一項重要建議很簡單：對熟悉的組織結構和傳統製造方法進行斷捨離。打一開始就認眞看待以積層製造爲核心的製造業會帶來什麼劇烈衝擊，然後想想要如何善用積層製造的新能力，重新打造你的企業。

不要把製造業的創新工程外包出去

也就是寄望外頭的供應商，如 3D 列印系統整合應用服務商，來做出積層製造的零件或產品。早期當你在以積層製造進行實驗的時候或許可以委外，但若能愈早把製造生產的過程帶回公司裡愈好，只有這樣才能獲得積層製造的專業，讓你在產業中充分利用這項能力。而且也只有這樣，你才能在發表新產品的時候控制品質、掌握商業祕密並保護智慧財產。列印機逐漸用機器學習來找出最好的流程，你就可以掌握心得，讓公司受惠。你也會整合供應鏈上下的營運過程，更能協調供應鏈，也更能抵禦網路攻擊。

有些公司決定要將製造生產完全交給承包商，通常是因爲資金限制。這樣的公司可能會選擇著重於產品開發、行銷或是業務，省去學習積層製造的麻煩。如果你決定要走這條路，你至少應該要和承包商緊密合作才能掌握積層製造的能力，及其對你企業內部既有的流程所具有的潛在變革性影響。當泛工業集團出現的時候，你可能會選擇加入其中一個集團，以利用集團提供的積層製造系統和平台，這樣你就不必自己從頭開始打造了。

不要死守著現在的顧客和產品

最危險的死路，或許就是這股讓你想要集中精神在現有顧客和產品上的欲望。這個警告或許違反你的直覺，畢竟每個聰明的生意人，不是都知道要照顧好顧客，並時常提供改良過的產品和服務，以符合他們的需要嗎？

當然，這沒錯。在泛工業市場的年代裡，顧客關係優勢更重要，也比以前更具挑戰性。世界四大國際會計師事務所之一普華永道（PricewaterhouseCoopers）的顧問諾博特・施維特斯（Norbert Schwieters）與鮑伯・莫理茲（Bob Moritz），把這關係形容得很好：

> 新的（數位）基礎建設是一張人際關係的網，生產者與消費者的連結尤其比過去更爲緊密。透過智慧型手機和社群媒體，消費者可以直接連結上主要生產者，了解他們所購買的產品與服務。透過感應器和數據分析，生產者可以完全根據購買者的需求、習慣、長期興趣來調整產品。新平台的設計師或參與平台的企業領導人，擁有前所未見的機會，來打造一個以顧客爲核心的企業，連結到眞正需要你公司的人，然後建立一輩子的承諾。

製造業的改變不斷推進，你很可能發現你的公司必須反省並擴大你們對顧客的了解，也要重新思考顧客的定義。例如，你可能很習慣只跟採購代理商打交道，他們的主要工作就是考慮幾件他們很熟悉的事情，如產品規格、交貨日期，還有最重要的價格。很快地，你可能會發現這些新的工業網絡讓你接觸到顧客公司裡面的其他團隊成員，包括設計師、產品經理、行銷人員、業務人員、客服代表還有下游的消費者。因爲傳統價值鏈經過重新設定，讓很多人在不同的網路節點上交叉互動，面對新一批更多元的消費者，你可能需要改變你和他們溝通、互動、決策和管理流程的方式。

不僅如此，就算你在尋找機會的時候把不同類型的顧客放在核心，你還是要注意核心裡的非消費者。這可能包括任何使用對手產品或是從未買過類似產品的人。

有個很棒的工具可以幫你找到並連結上非消費者，那就是滲漏分析——用系統化的方式找出非消費者以及他們「漏網」的原因。例如，當你採用新科技來服務顧客的時候，你可能會發現有些潛在顧客拒絕你的新產品，他們的理由可能是：

- 他們不知道要怎麼利用新科技——他們覺得很害怕或很困惑。
- 沒有人清楚且具有說服力地告訴他們新科技可以如何應用，又有什麼好處。
- 新科技經過大肆宣揚之後，反而讓他們存疑。
- 如安全感、可靠度、價格等其他顧慮，讓他們覺得繼續使用傳統產品比較簡單，也比較沒有風險。

一旦利用滲漏分析來判斷哪些因素讓你很難把漏網之魚變成顧客，就可以採取行動來刪除這些因素。例如，新科技帶來的焦慮感會讓很多人害怕或困惑，這可以靠產品控制自動化和改良設計來讓產品更簡單、更直覺。若他們有安全性的顧慮，就可以提升安全品質，強調產品設計、行銷、廣告和促銷。

發展工業平台策略

在投資積層製造硬體前，最好先讓軟體就位，所以要參與泛工業革命有個很關鍵的準備工作：定義你的工業平台策略，並據此建立發展工業平台的計畫。

短期內，很多公司會用別人開發出來的平台。不過，擁有自己的平台慢慢會浮現出很多優點，例如獲得更豐富的資訊流，還有更多可以從資訊中賺錢的機會。根據不同的應用來思考，可以幫你設計出你自己的工業平台。現有的或開發中的平台各自具備優缺點，和他們的業務項目有關。現有平台的屬性可以幫助你找出自己的競爭機會，也可以看出有哪些功能還沒有滿足（參見下頁表 11-1）。

雖然表 11-1 沒有列出所有可能的企業應用與工業平台功能，不過已足以看出平台擁有者對於現在平台提供的服務有什麼想法，也能比較出不同工業平台公司提供的不同服務。有些平台有很強的核心應用，有些則否。有些平台已經在很強的核心應用周邊建立了較弱的應用，有些平台則很平均地在發展各種應用。

從這個表格也可以看出哪裡競爭激烈、哪裡競爭和緩。你可以發現目前還沒有任何平台打破生態系管理，未來企業生態系統既龐大又多元，有許多用戶而且有很多直接聯繫顧客的方式，對生態系統的管理絕對是一項重要的長期必需品。目前只有一個平台在認真進行供應鏈管理，有兩個平台把重點放在產品設計。有幾個平台都很重視應用，但在這裡還沒出現重量級的對手。

當然，找出現有平台的優缺點只是發展工業平台策略的其中一個步驟，你還需要考量到以下幾個重要的問題：

表 11-1 目前領先的工業平台其應用方式評等（2017 年底）

	供應鏈	產品生命週期	資產表現
捷普 InControl	●★		▲
奇異 Predix		▲	●★
IBM 華生	▲	■	■
西門子 Mindsphere with NX module	●	■	●★
博世物聯網		■	■★
日立 Lumada	▲	▲	▲
艾默生 Plantweb			▲
Materialise Streamics 和其他軟體		▲	▲
歐特克		▲	▲
思愛普 HANA			■★

圖例：▲尚可、■佳、●優、★核心應用

我想要打造自己的平台還是加入現有的平台？如果你擁有可創造出成功工業平台的資源、能力和遠見，就能享受平台擁有者的諸多好處。不過，如果你缺乏上述的必備條件，那就找現有平台裡最適合的加入。平台用戶雖然比不上平台擁有者，但錯過泛工業革命絕對更糟。

如果我想要打造自己的平台，我應該要整合其他組織做的

製造—執行	產品設計	新產品發表	企業生態系	TM/AM 準備度
▲	▲	▲		TM/AM
■				TM
■				TM
■	■	▲		TM/AM
■				TM
■★				TM
▲				TM
▲	■★	▲		AM
	●★	■		AM
▲				TM

應用嗎？不確定你是否擁有包括資通訊技術的專業、製造業的經驗、3D 設計的技巧和軟體開發人才等打造成功平台的所有技巧，但如果你缺乏其中一項關鍵技術，你或許可以和其他組織建立夥伴關係來獲得完整資源。記得平台上的應用可以慢慢添加，這樣漸漸創造機會，將來可以收割。

如果我打造自己的平台，我的平台要多開放或多封閉？平台擁有者可以決定要開放平台鼓勵用戶增加新功能、改良現有功能或淘汰舊功能。這個選擇會吸引更多用戶，確保平台彈性好用。不過，封閉的平台能讓平台擁有者控制系統，避免太依賴外部來源。封閉平台也可以讓平台擁有者取得數據。

我的平台要以哪些目標爲優先？花足夠的時間和精力想想你的平台可以實現哪些目標——降低成本、簡化流程、鼓勵創新、擴大市場觸及、提升產品品質、拓展到新國家等。根據你所在的行業和你未來要服務的產業，哪些目標最重要？哪些比較不重要？決定平台要優先完成哪些目標後，就應該可以幫助你建立架構和管理規範，讓平台可以由此去設計和營運。

部署積層製造的硬體：四大進路

當你準備好要在現有的製造業中採用積層製造技術的時候，可以用許多不同的方法。我會介紹幾種最常見的方法，愈前面的愈不干擾目前的營運方式：

平行生產系統

這代表要建立一條完全獨立的積層製造產品線，開發出新產品、利用新的品牌名稱來攻下新的市場，但是和原本的生產線可以共用原物料。這個方法很適合那些還沒有準備好要在主要營業項目中安插積層製造，但是又在利基市場看到龐大潛力的公司。

以好時爲例，該公司長期以來都是業界領導者，將巧克力糖賣給中產消費者。不過競爭對手吸引著同樣一批高端顧客，所以好時決定靠積層製造展開反擊。他們開發出品質也能吸引高端顧客的另一門生意：推出利用積層製造才做得出來的複雜巧克力像；裡面空心，可以填充精選的內餡。這種複雜的幾何挑戰，傳統製造業根本不可能辦到。好時還有另一條產品線，提供對傳統製造業來說造價太過昂貴的客製化商品：顧客可以在特定節日前，上網訂製專屬的巧克力。

因爲這兩條產品線和好時的主要營業範圍差異很大，加上它們完全是以積層製造完成，好時於是獨立出一個組織來經營。長期下來，好時希望打造成一個全新的事業體，擴大公司的市場。除了巧克力之外，好時也希望能販售巧克力列印機給餐廳、烘焙坊、巧克力專門店或甚至讓消費者在家製作。好時還會提供適合 3D 列印的獨有成分。

另一個例子是一間傳統製造商，他們把貨櫃和卡車改裝成迷你行動工廠，爲偏遠地點製造替換用的零件。這間公司的主要業務仍保持著傳統製造流程，但利用積層製造來快速滿足偏鄉顧客的需求。

組裝線接運系統

積層製造主要用來提供零件，再放入傳統組裝線完成產品。剛開始，唯一的改變是零件生產的方式，不過，在這項改變之後，公司可以開始調整產品，利用積層製造帶來的新設計和產品力。

例如，LG 還在用傳統方式生產 OLED 電視，但螢幕是採積層製造流程，其他的零件如電子連接器和外殼都是用傳統製造，組裝線也屬於傳統製造。漸漸地，LG 順著積層製造的學習曲線前進後，就可能會調整電視製造系統中其他零件的生產方式。最後，積層製造或許會取代傳統製造來生產更多零件。

複合型成形加工系統

這是指在同一個工作站或是同一間小工廠中，積層製造和傳統製造混合在同一個生產流程裡。目標是要利用彈性和其他積層製造的優點，同時保留傳統製造現有的優點，像是有幾類產品用傳統製造品質比較好。截至目前爲止，積層製造在生產產品和零件時還有些限制，複合系統可以比單純靠積層製造生產出更多元的產品。在許多情況下，此系統還可以自動化後期處理，以降低成本，提高生產速度。

取代系統

想要大躍進的公司可以用積層製造系統完全取代傳統製造系統。因爲這個轉變很困難而且風險很高，大部分的例子都是新創公司，如 Align Technology，該公司在 1990 年代後期開發了一套積層製造流程來製作牙套。較穩定的公司比較可能採取前面幾種方法，或直接併購純積層製造公司。

克服內部阻力

回到 1980 年代，摩托羅拉想要採用當時的新數位科技來製造手機，但工程師都很抗拒。他們固守著幾乎可說是摩托羅拉開發出來的類比科技，卻看不到數位科技帶來的優勢。結果摩托羅拉的工程團隊只是敷衍地整合了數位科技，最後導致公司失去江山。

今天，許多公司面對積層製造、工業平台和其他科技創新時，也有同樣的困境。你在規畫要整合列印以及其他製造科技時，可能會發現工程師、經理和公司裡有些人會非常抗拒，因爲他們擁有傳統製造方法的知識，在心理上也比較依賴傳統製造方法。

這種時候，最有用的方法就是設置一套明確具體的計畫，化解大家的抗拒，改變內部文化。

有一個方法可稱爲**柔性訴求**。舉例來說，一間大型的航太公司就用了以下步驟來採用 3D 列印科技：

- 第一步：用 3D 列印讓各部門製作原型，讓工程師和設計師明白 3D 列印的能耐。
- 第二步：用 3D 列印開發工具和設計，漸漸地改善傳統製造方法。
- 第三步：打造 3D 列印實驗室，和外部專家一起合作，獲得更多知識與經驗。
- 第四步：開始創新製造方法，使用新材料進行 3D 列印實驗。
- 第五步：利用現在 3D 列印機可使用的新材料，開始研發擁有新功能的產品。

這個具體且符合邏輯的方法，讓 3D 列印的知識和新科技帶來的便利性，能逐漸擴散到整個組織內。每前進一步，新技術在公司的生命中就更重要一些。實際上，用這種柔性訴求可以帶領公司逐漸走過採用科技的四個階段（詳見下章），而不是放任趨勢慢慢地擴散；而且這麼一來，公司內部也可以比較漸進而無痛地適應新技術。

其他公司，像奇異所採取的手段就可以說是**剛性訴求**。奇異廣徵工程師、設計師和研究人員，要求所有事業體都要發展出一項以上的領航計畫，以新製造科技來進行實驗。這類型的倡議可以幫助組織發展出需要的知識和經驗，克服內部阻力，讓公司能順利取得製造業革命帶來的所有收穫。因爲組織是接收到上層的命令，要轉型到積層製造，所以這個剛性訴求可以較強勢地讓企業上下都知道積層製造就是未來——每個人都要做好準備，擁抱新科技。

或許要克服內部不願改變的阻力最重要的因素就是領導高層。執行長和其他高階主管讓大家聽到、看到高層對新科技的支持，才能創造急迫感，了解轉變勢在必行，理解轉變的優點、策略和競爭力。就和所有文化變遷一樣，這需要耐心與恆心。

其他克服內部阻力的策略包括：

取得外部知識。指定主要的工程團隊成員，並和 3D 列印公司、軟體公司、大學與國家實驗室合作，找出 3D 列印的新用途並開發新材料。參加會議，建立連結，跨越傳統產業與市場的界線，學習各種不同的企業可以如何應用積層製造與工業平台，未來都會對你的公司有長期的影響。

在阻力較低的區域進行積層製造的實驗。很多公司已經開始用 3D 列印機發展較爲簡單的積層製造專案，如設計模型、開發原型，生產少量的客製化零件，生產傳統系統用的模型、染料、裝配指南和工具，來改善傳統製造流程。當工程師和其他人逐漸習慣使用 3D 列印機後，他們對新科技就會愈來愈適應，對新科技的潛力勢必會有更多熱情。

逐步採用 3D 列印。當你準備好要用積層製造作爲日常生產工具的時候，先從少量非必要零件開始，再進行到較重要的零件，最後才開始生產最重要的零件。每次成功過關，順利放上組裝線以後，再從頭到尾用 3D 列印的方式製作。

訓練員工評估所有相關的經濟因素。工程師都經過訓練，會排除其他很難測量的因素，檢視製造某項成品的直接成本。要讓團隊成員理解 3D 列印可省下來的成本，並且在評估企業決策的經濟與策略意義時納入所有因素。換言之，要避免工程師的盲點，如第三章所述。

以下有個簡單的例子。德國鐵路股份有限公司（德鐵）是一間運輸與物流公司，核心事業就是德國鐵路系統。不過，德鐵在全球 130 個國家都很活躍，提供運輸工具，營收超過 10 億美金。想當然，要維護這麼高額的投資是一項複雜的工作，所以這間公司開始調查能不能利用 3D 列印協助生產要汰換的零件、工具和其他重要設備。德鐵開始和位於柏林的 3D 列印軟體公司 3YOURMIND 合作，了解未來有哪些選項。

經過初步評估，3D 列印對德鐵來說在經濟面上可能不太划算。例如，德鐵委託 3YOURMIND 生產電動列車上的熱交換器，但實驗結果卻令人相當失望，因為用 3D 列印製作的成本比傳統生產大量製作的造價高出太多。可是，當他們深入評估全局之後，才看出原本計算方式的缺陷：

> 德鐵的研究顯示出每年只需要汰換 10 組零件……所以儘管大量生產在前期造價較低，但會產生倉儲收納的成本。用選擇性雷射燒結技術的 3D 列印製程可以省下倉儲費用，即時生產即時汰換。

工程師和管理者都很習慣傳統製造技術，或許對積層製造還半信半疑，他們在比較造價成本時只注意到價格上的差異。因此，他們可能會忽略了其他改變的影響，必須要綜觀全局才能考慮周詳。要避免這種錯誤，就要確認在採納積層製造技術時，負責團隊中有包括生產製造、維修、倉儲、物流、客服等每一個相關流程的專家。

先創造信心。先從幾個確定能節省成本，而且能夠在短期就產生財務效益的積層製造專案開始。這可以吸引大家的注意，掃除疑慮，創造前進的動力，並產生更多資源以用來投入更長期、更具企圖心的計畫，並且就從這裡開始打造企業的生態系統。

不要急著測試極限。好高騖遠不只會增加風險，還會導致公司錯失立即創新可創造的短期利潤。

別要求技術主管單獨推動轉型。科技轉型不能只交給製造生產或工程團隊。不是只有幾個部門前進而已，其他部門的主管一定要和技術團隊一起合作，才能全面轉型。也唯有這樣，才能夠順利推動數位轉型。

跳脫部門的本位思考。積層製造將會瓦解行銷、研發、工程、設計、製造等各部門之間的界線，也會使產品部門和夥伴企業之間的高牆崩解。領導主管必須要跳脫部門本位主義，才能有效地推動積層製造。

建立你的數位企業生態系統

在即將出現的泛工業世界裡，產業界線逐漸消失，愈來愈多企業採用新科技、開發新產品和服務，進入新市場。你會需要習慣把你的企業想像成動態的數位生態系統中的一分子，你的企業要和很多不同的夥伴合作，他們可以協助你發展優勢，扭轉頹勢。

想要加速轉型爲積層製造的公司可以開發出企業生態系統，讓所有的零件都同時開始採用新技術。這樣就有可能帶動整個產業採用新科技，企業就能陸陸續續眞正走向積層製造，增加集體價值。

大多數跳入積層製造世界裡的公司，已經開始在打造他們自己的企業生態系統了——不管他們是不是稱之爲企業生態系統。這裡可以提供一個典型的例子。之前說過，愛迪達打造了一個快速工廠鏈，會用最新的 3D 列印科技，大量生產客製化跑鞋。因爲這是個很前瞻的計畫，有很多複雜的科技與管理挑戰，需要的技術與資源已不在愛迪達能提供的範圍內。爲此，愛迪達列出了許多產業夥伴，讓快速工廠的願景能實現。

在這個過程中，最重要的兩位夥伴就是 3D 列印專家 Carbon 和工業巨人西門子。Carbon 和愛迪達合作，調整連續液態介面生產技術來大量生產運動鞋的鞋底，這種鞋底在每一個部位有不同的特性，才能讓競速跑者發揮更好的表現。而西門子則運用雲端平台 MindSphere 爲愛迪達連接設計、供應、製造、物流的流程，並利用大數據分析來提升效率、監管品質以及控制成本。

快速工廠的其他夥伴包括 Oechsler Motion, Inc.。這間公司擅長塑料合成，目前已經爲愛迪達建造了兩座工廠，負責日常營運。另外還有化學公司巴斯夫，這間公司開發的特製熱塑性彈體是運動鞋的主要原料。除了這兩間之外，愛迪達的夥伴還包括了其他提供機器人與生產系統的公司。

當然，這些公司聯手起來打造複雜、昂貴的產品並不是新鮮事。但是在由數位管理、數據主導的工業生態系統所建立的新世界裡，這些公司間的合作會格外緊密，而且要求特別多。各位務必愼選夥伴，和他們密切地持續合作，發展出強烈的信任感與互動。你們要建立一套規範與管理系統，才能有效地分攤成本、責任、收益，所有挑戰都很重要。

你今天建立的同盟，就是你踏進未來泛工業聯盟或集團的第一步，可能會左右公司未來的命運。這麼一想，你就知道這些問題有多重要了。

企業生態系統所建立出的宇宙不斷地擴張，你必須要想得長遠、想得認眞，才知道你和夥伴與對手的關係要如何布局。你的選擇很多，每一項選擇都要靠你分析現有的能力、面對的競爭威脅、外部夥伴的類別、占領市場最佳的方式來決定。

例如，你可能會察覺到對手的威脅愈來愈強大，他們開始用 3D 列印的方式來製造產品和你競爭。你可能會看到未來幾年內數位工廠進入你的市場，提供製造服務給你的競爭對手，因而消除了你靠專屬列印技術、產品設計和其他方法取得的優勢。如果是這樣，你的 3D 列印能力最好留在公司裡，不要委外進行，並且著手開發或調整列印機，做對手做不到的事。你可以選擇將重心放在積層製造流程的其中一項或數項加值零件——像是專屬設計軟體、複合加工系統或獨特的材料製程，以抵擋對手的侵襲。

或許最重要的是，不要目光短淺地只注意到積層製造科技現在能爲你的公司做什麼，而是要把重點放在你想要給企業什麼樣的未來。以科技爲焦點的策略要能夠完全發揮潛力，就必須結合企業長遠的目標與價值。高階主管和公司裡的其他人都必須要探索科技轉變能帶來的各種機會，不能只看到顯而易見的機會。最有價值的改變會來自科技與管理決策，這些決策將重新定義市場、觸及新的顧客群、提升生產力，讓組織的能力加乘。

Chapter 12
通往未來之路：四個轉型階段

像積層製造這樣的新技術要擴散到一整個產業，包括航太、建築、消費電子以及服飾等，通常要經過四個階段：**採用概念**、**早期應用**、**主流應用**、**無所不在**。（之前已經解釋過，未來短期內，泛工業革命會讓傳統產業的邊界愈來愈模糊。不過在這裡，我要討論的是未來數十年內積層製造、工業平台和相關科技逐漸滲透到商業世界的現象，因此，產業的概念還不能拋棄。）

歷史已經證實，許多和 3D 列印類似的技術已經經歷過同樣的四個階段，像是影印機（利用噴頭快速列印，和 3D 列印的精神一樣）、積體電路製造（和 3D 列印一樣，利用整合製造技術，在同一個製程裡放入許多零件），還有 CNC 雷射雕刻（和 3D 列印一樣，利用自動化軟體與逐層製造方式移動工具來製作產品）。從這些歷史模式，我們可以很有把握地說，積層製造的技術也會經過同樣的四個階段。

積層製造的四大階段如下頁表 12-1 所示。讓我們一一來檢視這幾個階段，看積層製造將如何逐漸跨越不同的時期。

第一階段**採用概念**。要證實概念並且實踐想法，包括利用 3D 列印機進行實驗性生產或改良傳統製造。在這個階段裡，企業開始用積層製造進行實驗。有一些企業會在不同的製造流程中用上 3D 列印，像是快速製造原型與工具，其他企業則還在觀望。

這個階段中的 3D 列印用戶，都是技術能力比較強的人，他們渴望嘗試還沒驗證或測試過的新技術，也願意接觸不易使用的軟體和控制器。而且，這些機器都還很陽春，只能進行基

表 12-1 積層製造逐漸普及的四個階段

	採用概念	早期應用
目標	·化想法為現實，展示出積層製造的能力。	·提升積層製造產品的品質。
創新之處	·利用 3D 列印做出模型和原型以外的物體。	·產品品質更好。 ·改良印表機的控制軟體。 ·生產末端零件。 ·新材料。
和傳統製造業的關係	·積層製造的概念還很新，未經驗證。 ·用戶分別測試新科技。	·積層製造提供零件給傳統製造業。 ·積層製造處理少量零件與產品。
軟體與平台的發展	·設計給技術能力較高的用戶使用。 ·印表機的驅動程式提供了基本的功能。	·簡單好用的介面。 ·印表機的驅動程式提供了進階的品質控制功能。
企業生態系的發展	·僅使用個別的印表機。 ·僅有少數人使用此科技。	·更可靠、便宜的印表機。 ·服務更多顧客。

本的列印功能，彈性和規模都有相當大的限制，就如能使用在 3D 列印機上的材料很少。這個階段中的 3D 列印機只能獨立運用，每次只能在一個流程上生產單一物品，而不是一套能大規模製作的生產系統。

第二階段**早期應用**。這是目前多數積層製造所位處的階段。這也是早期商業化的階段，流程與產品品質都有待提升，

主流應用	無所不在
·讓積層製造更快、更便宜、品質更一致。	·積層製造的設備非常普及。
·利用軟體協調、控制複雜的製造與供應鏈。 ·工業平台逐漸成長，在企業與生態系階層管理企業流程。 ·人工智慧與機器學習。	·印表機隨處可見，專業人士和消費者都在使用。
·積層製造和傳統製造業平起平坐。 ·利用複合系統結合積層製造與傳統製造。 ·開發新的高速印表機。	·製造業移出工廠外。 ·分散生產才是王道。
·有工廠控制系統，可以優化流程、讓所有流程自動化並相互連結。 ·電腦與衍生設計。 ·整合企業的套裝軟體。 ·企業與供應鏈平台。	·平台遍及生態系統。 ·簡單好用、安全可靠、身分驗證、保護智慧財產等成為重點。
·印表機的網絡。 ·工廠控制可以和傳統製造業的規模競爭。	·透過寬廣的生態系，人人都可應用此科技。

並一部分、一部分地從傳統製造轉變爲積層製造，利用積層製造進行少量生產，進入利基市場，並且開發積層製造可用的材料。積層製造開始被用來進行少量、高端、客製化的特殊零件和裝置。企業開始利用 3D 列印來製作新產品的原型，或製作現有裝置的零件，以便汰換。

在這個階段中，科技漸漸擴散到大衆市場產品，3D 列印機和控制軟體慢慢改良，價格開始下降。新的 3D 列印機可以用上更多材料，速度和準確度都開始提升，列印出來的產品品質更高、更一致。

可以用來控制列印機的設計工具也愈來愈進階，列印機的介面和軟體驅動程式變得更簡單好用。因爲上述變化，開始使用 3D 列印的人和公司都增加了，大家對新科技的認識和興趣也提升了。

第三階段**主流應用**。積層製造進入廣泛的商業化應用，以積層製造爲中心打造供應鏈與企業生態系統。這個階段出現了積層製造的大型商業模式，帶來即時整合、優化與改善。

3D 列印不限於製作原型、少量生產或利基產品的零件，而是開始被用於製造一般日常產品，產量愈來愈大。在主流應用的早期，利用積層製造生產的零件和產品數量約爲 1 萬至 100 萬組。在這個階段末期，產量可達數百萬，傳統製造方法漸漸不敵積層製造。3D 列印機的速度提升，採購與營運價格繼續下降，愈來愈多公司利用積層製造處理更多生產任務。

同樣地，在這個階段裡，讓積層製造可以生產獨特價值的特殊技術愈來愈普遍，如大量模組化或大量區隔化。企業開始建立 3D 列印機網路，用同一套軟體控制不同的裝置，協調產出、增加效率、降低成本。他們也開始開發複合加工系統，提升 3D 列印機的能力，結合其他科技工具，包括傳統組裝線的系統和機器手臂、電子感應器和螢幕、雷射等。

漸漸地，控制 3D 列印機的軟體開始連結上其他的管理控制系統，包括自動化倉儲、物流、運輸、庫存、採購、客服、行銷以及排程系統等。因爲這些發展，愈來愈多功能可以自動化，誕生於新科技的產業顛覆開始擴散。

你可以看得出來，主流應用的概念頗爲複雜。事實上，這個概念不只有一個定義，這個詞彙可以指不同的科技發展與採行，有些概念或許會重疊。以下提供幾種定義，從需求程度最低依序排到最難達成、需求最高的定義。

- 主流一：特定市場裡面的積層製造科技、零件、產品已經達到品質標準和表現標準，和傳統製造做出來的產品特性一樣。
- 主流二：市場裡的許多零件和產品都利用積層製造少量生產，但這麼做的公司還不是很多。
- 主流三：製造速度更快，可以運用積層製造生產較多數量的零件和產品，不過還沒辦法達到眞正的量產。
- 主流四：市場裡的多數公司都採用積層製造的科技來生產零件或產品，但數量還不大。

- 主流五：特定市場或利基市場內的多數顧客或買家，都已經接受、購買或使用積層製造做出來的產品。
- 主流六：積層製造零件和產品已獲得一定的市場比例、穩定收益或特定市場裡的利潤，不過在整體市場裡的占有率還不高。
- 主流七：幾乎全世界所有製造商、消費者或市場裡的末端用戶，都採用了積層製造的零件和產品。

你可以自己決定哪一種定義最適合你的產業。你可能會發現特定市場裡面的不同區塊在以不同的速度進步；你也可能會發現，在特定市場裡，上述幾種改變正在同時出現。

第四階段**無所不在**。和電力一樣，列印機和積層製造隨處可見。泛工業市場愈來愈大，積層製造系統出現在世界各地，而不只在工廠或列印機農場裡。分散化、在地化的製造方法成爲市場常態。同時，到處都可以看到給消費者使用的 3D 列印機，包括餐廳、烘焙坊、購物中心、學校、辦公室以及家裡。工業級和消費者層級都能達到無所不在的時候，積層製造的產品數已經達到數千萬了。

在主流應用和無所不在的階段裡，積層製造已經成爲主要的生產技術。數位製造與工業平台提供了即時控制，可以將效率提升到最高，並改善全公司的生產力。

工業平台不但可以連接組織內部的不同部門，也可以連結外部的供應商、設計公司、經銷商和顧客。工業平台貫穿生態系統，威力強大到可以讓企業更多管理階層的策略決定都自動化地進行，即時優化企業營運。在這兩個階段裡，3D 列印和相關科技已經是許多公司的核心能力，拒絕轉型採納積層製造的少數公司最終難逃失敗的結局。但是只有在第四階段無所不在裡，3D 列印才隨處可見。

在主流應用的階段，列印機的大規模網路由擁有工業平台的泛工業公司或集團控制，負責協調期程，使流程一致、品質穩定、安全可靠，並保護智慧財產。

相對地，在無所不在的階段裡，列印機都能自治，又像一個大型的自造者社群。只是在很多產品市場中，要抵達無所不在的階段，可能要費時數十年，甚至永遠無法到達。這與之前較廣為人知的 3D 列印的未來願景，形成鮮明的對比。在那個我稱之為自造者迷思的願景中，3D 列印讓小型公司或個體戶可以獨立製造，為世界帶來更多創意，不必再聽老闆的話，可以自由創業，讓製造的世界更加「民主」。但是正如我在本書所明確指出的，第四個階段無所不在是積層製造普及後無法避免的結果，我認為從根本的經濟與策略邏輯來判斷，自造者的願景是不太可能發生的。

你的產業位居何處？

不同產業之間的界線遲早會被大家遺忘。但現在，大部分的公司都還是某個產業裡的成員，而這些產業都在用不同的速度經歷四個轉型的階段。不同的使用方式或不同的市場，不會很明確地在某個時間點從一個階段進入另一個階段，而是會在一段時間之內持續進行。

2017 年年底開始，很多產業已經移向了早期應用階段，然後會在接下來幾年之內，就進入主流應用的階段。準備要進入產業的新公司都是爲了主流應用階段而布局，但現存的企業都在早期應用階段裡賺錢。用戶則不是走在潮流前方，就是遠遠落後。

以下圖 12-1 至 12-7 列出了幾種大型產業的現況，可以看得出這幾種產業內的不同市場，目前處在哪一個階段。

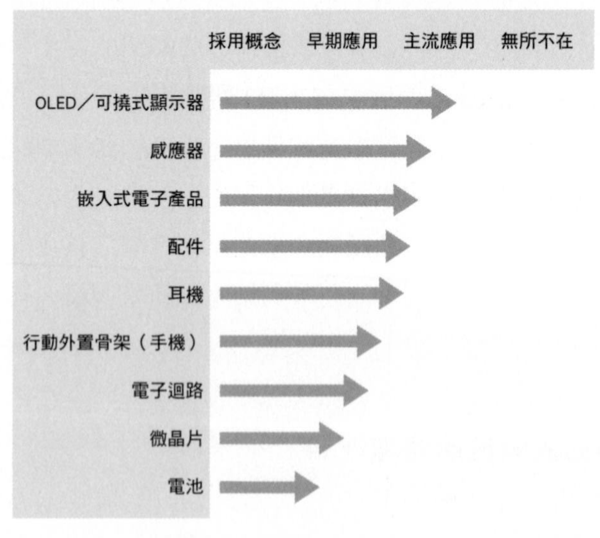

圖12-1 電子業

電子業的階段發展主要由噴墨印刷的 OLED 螢幕所帶動。加州的新創公司 Kateeva 已經發展出 YIELD-jet process 製程，以積層製造的方式來製作螢幕；三星和 LG 都開始逐漸從傳統的製造流程轉化爲這套製程。

其他公司也在推動積層製造的發展，要創造免組裝的全功能電子產品，如 Optomec 利用氣溶膠噴塗印刷技術來印製所有的感應器與嵌入式電子產品。Optomec 和 LG 合作，在渦輪葉片上印製感應器與其他應用；也和光寶科技合作，印製數百萬台智慧型手機的天線。在電子模組公司裡，臉書於 2016 年併購了 Nascent Objects，用意未明。Nano Dimension 開發出一種噴墨製程，可以製造多層印刷積體電路版和其他電子迴路；Voxel8 則可以在不同的底質上印出凹凸的電路。美國國防部則是在評估 MultiFab 的用途，這是一種可以同時間使用 10 種原料的 3D 列印機，將電子迴路和感應器直接嵌入產品中——例如導彈裡的控制元件。

有些電子業的領域如電池、微電子（晶片、儲存裝置、感應器）還在發展階段，全球各地許多大學和研究機構都在嘗試不同的科技來實現這些產品。

2017 年年底，汽車工業還在積層製造的早期階段。主要的車廠如福特與通用汽車已經開始利用積層製造來製作上千種零件的原型，但是末端生產還不足量，只用在利基市場如豪華車款或概念車上。戴姆勒利用積層製造來生產卡車線上的備料，勞斯萊斯則利用積層製造印出內裝零件。

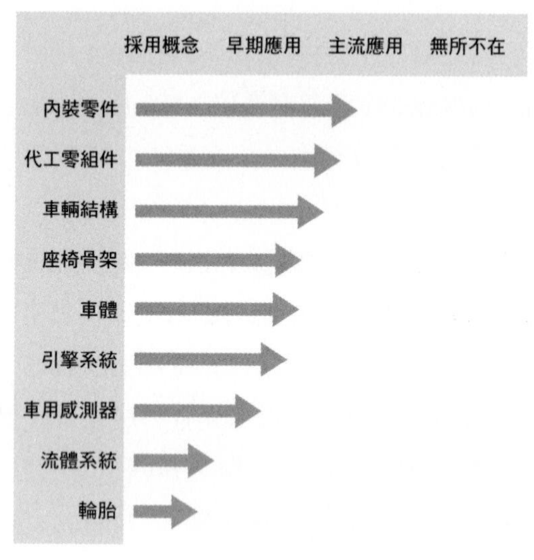

圖12-2　汽車業

有一些汽車業的新創公司正在推動發展。Local Motors 率先利用積層製造印製車體，然後再放入引擎、變速箱和其他系統。這間公司目前集中發展接駁車 Olli，利用 3D 列印的車殼和物聯網的整合應用，打造出無人駕駛的接駁車。加州的新創公司 Divergent 3D 則利用積層製造，生產出車體結構需要的節點與鋼條——你可以想像成孩之寶出品的積木玩具，只是更大更強，且用的是複合材料而不是木頭。這間公司已經和法國的寶獅雪鐵龍集團合作，共同設計、開發下一代的汽車。

輪胎公司如米其林和固特異完全革新了未來輪胎的概念，但至少要再過 5 至 10 年才有可能商業化。航太工業使用了許多輕量而複雜的零件來製造引擎、渦輪、燃油系統，但汽車工業則尚未充分利用積層製造的優點做出類似的應用。

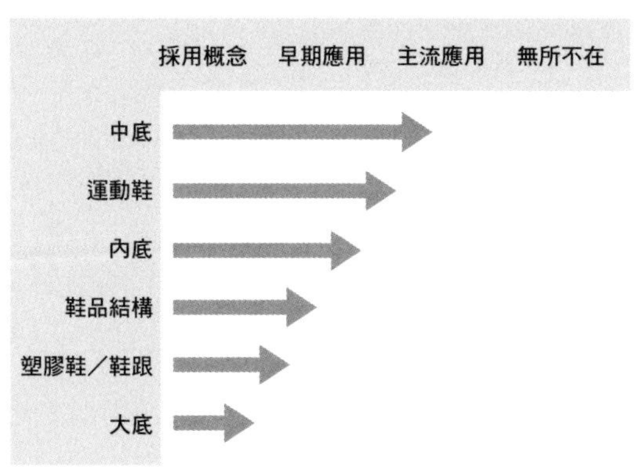

圖12-3　製鞋業

鞋業製造大廠都已經用不同的方式採納積層製造了。耐吉、紐巴倫、Under Armour 各發表了不同的運動鞋款，其中至少有一種 3D 列印的零件。捷普已經開始測試不同的內底、中底、大底原型，以及和多家公司合作開發不同的鞋品結構。許多新創公司如 Wiiv Wearables 以及 Feetz，利用 3D 掃描取得的數據客製鞋底，小量販售 3D 鞋。最值得注意的是，愛迪達和 Carbon 合作，大量製造下一代運動鞋的中底。據 Carbon 表示，2019 年計畫生產超過 10 萬雙 3D 列印鞋，來年產量則將突破百萬。

在時尚產業中，設計師利用 3D 列印做出不同的鞋跟和塑膠概念鞋。一家美國積層製造公司的服務處表示，2017 年就收到大型服飾製造廠的訂單，要求製作 30 萬組中底，並於年底出貨。

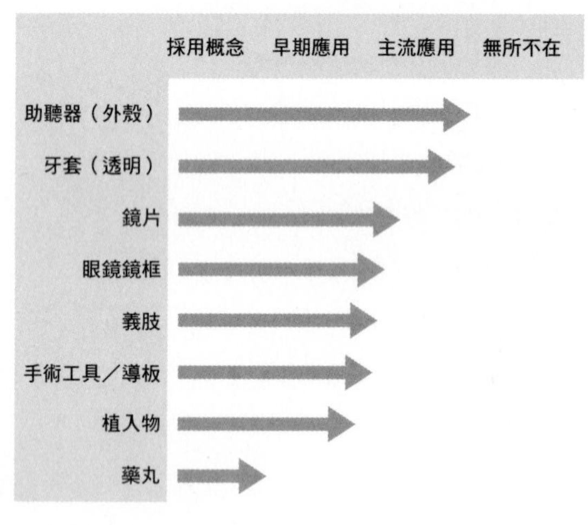

圖12-4　醫療與牙醫產業

醫療產業也有許多積層製造的發展。例如 EnvisionTEC 便利用一種稱爲數位外殼模型的積層製造方法，生產助聽器的外殼；國際隱形牙套領導大廠愛齊科技（Align Technology）則開發出隱適美，利用光固化 3D 列印技術製作出透明的牙套——這兩項產品都是最早利用積層製造大規模客製化的成功範例。

近期 Luxexcel 發展出 3D 列印光學鏡片，已經和實驗室與零售商合作建立列印平台。Materialise 提供客製化的服務，可印製眼鏡鏡框，材料多元，從塑膠框到鈦金屬框都可以任君挑選。史賽克大量投資 3D 列印，印製的鈦金屬植入物已取得美國食品藥物管理局的許可。許多公司利用積層製造來生產手術工具與手術導板，世界各地也有很多公司在製作 3D 列印的義肢。3D 列印的藥丸漸漸獲得接受，應該幾年之內就能獲得美國食品藥物管理局許可。

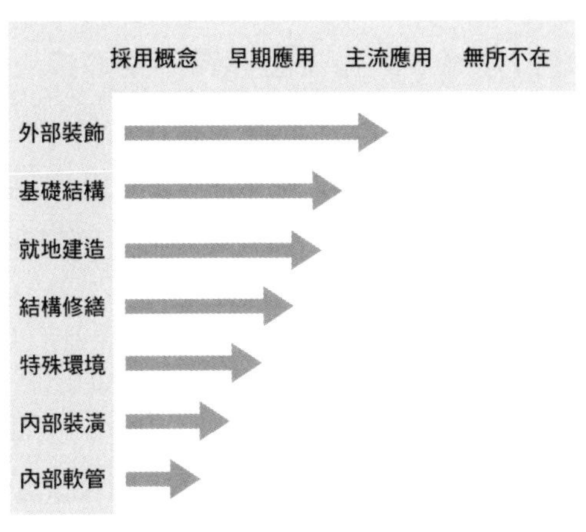

圖12-5 建築與維修保養產業

建築業在積層製造領域也逐漸受到重視，因為影響深遠。基本外圍設計元素如涼亭、雕塑、橋墩等，都可以用輪廓刻繪的 3D 列印科技搭配建築材料如水泥與陶土來製作。中國的盈創建築科技利用輪廓刻繪製程來建構各種建築物，且不只在中國，已行之全世界。杜拜和盈創建築科技合作，利用 3D 列印建築辦公大樓與居住空間，並希望到了 2030 年，城市中有三成的建築物都由 3D 列印興建而成，沙烏地阿拉伯已委託盈創建築科技，利用 3D 列印建造 150 萬戶住家。

俄國建設公司 Apis Cor 已開發出一台行動 3D 列印機，可以在 24 小時內蓋好一間房子。另一方面，許多研究實驗室和公司在開發機器人解決方案，利用迷你機器人或無人機沿著結構攀爬進行修繕，或利用大型的 3D 列印機做出機器手臂。

積層製造對建築業最主要的優點就是速度、複雜度和成本，這就是爲什麼建築外圍如結構、裝飾、修繕等，比內部裝潢更適合使用積層製造。然而 3D 列印用在非裝飾性的內部裝潢上的實用性還未經過驗證，有些重要的品項如窗戶、水管、門、家電，都還需要依賴傳統方式來製造。

重工業如航太、石油、天然氣、核能、航海等，都已經很接近或已經進入了積層製造的主流應用階段。航太產業需要少量但複雜性高的零件，所以在積層製造的投資最大，主要由奇異、波音、空中巴士、洛克希德．馬丁領軍。成功範例包括奇異的燃油噴嘴和渦輪螺旋槳發動機、波音的大型機翼穩定工具，以及空中巴士的引擎零件。

空中巴士和 Autodesk 合作，利用積層製造打造下一代飛機內裝，包括座艙隔間、座椅和其他功能元件。Optomec 和洛克希德．馬丁與奇異緊密合作，整合 3D 列印的感應器和其他電子產品，並且和奇異共同在渦輪葉片上安裝微感應器。西門

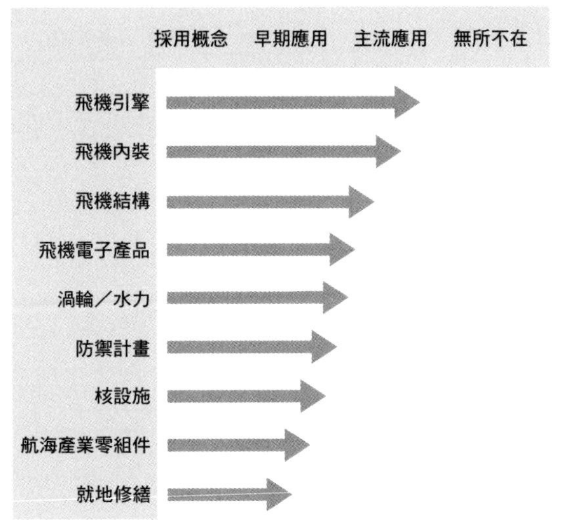

圖12-6　重工業、航太業、國防軍事產業

子已經宣布用積層製造生產燃氣渦輪葉片，而 Autodesk 和荷蘭鹿特丹港口合作進行即時航海修繕。

美國國防部重金投資積層製造科技，已著手進行數項相關計畫，從 3D 列印機關槍和潛艇船殼到數位控制無人機，甚至是機器戰士。這些機器人已經部署在戰場上尋找敵軍炸彈、地雷與爆裂裝置並加以解除。其他具備不同能力的軍用機器人還在開發中。國防部官員已經開始發展機器人的戰場原則，例如嚴格限制自動戰鬥機器在確認標的物後，一定要取得人類軍官的許可才能發動攻擊。

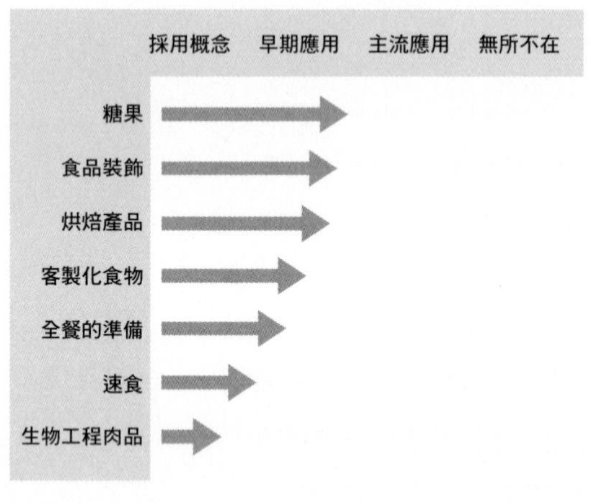

圖12-7 食品業

到目前爲止，積層製造在食品業的運用很有限。3D 列印食品的運用方式有兩種。第一種是材料擠製成型技術或黏著劑噴塗成型技術，即印製不同成分來準備餐點。第二種方法是創造食品級的安全模具，再用傳統方式準備食物。

如前所述，好時利用積層製造客製化的獨特巧克力。3D Systems 開發出 ChefJet Pro，可用糖印製生產各種可食用的糕餅糖果。西班牙公司 Natural Machines 發表了食品列印機 Foodini，利用預先包裝好的食品膠囊印製出客製化的食物，有義大利麵也有蛋糕。紐約的連鎖披薩餐廳開發出原型披薩列印機，可以在 4 分鐘內做出一個披薩。許多研究實驗室都在利用一種稱爲「肉品墨水」的 3D 列印科技，開發生物工程肉品。

快閃餐廳還舉辦了體驗活動來進行實驗，其中食品、廚具、裝飾都由 3D 列印而成，但目前都僅限於單次活動。

產業陸續採用新科技的模式

根據上述資料，我們看出每個產業裡都包括了很多不同的領域，各自抵達主流應用的時間不同，有些甚至未來 10 年內就會達到無所不在的階段。不過，要定位整個產業在哪一階段很難，因爲有的應用要花上比較多的時間，有些則會卡在早期探索研究的階段。例如食品和醫療產業，因爲需要符合法規，所以進度比較慢；有些領域則因爲製造規模不大，或因爲傳統製造的投資較大，所以發展較慢。

從發展模式可以看出，經由大量生產的標準化產品若不需要客製化，那可能是最晚轉換到積層製造的類別（除了 OLED 螢幕和鞋底是少數例外）。很快地，整合設計與列印的軟體就會幫助一些量大的產業轉換到積層製造，因爲可以把零件組合得很好，就算是需要上千個零件的產品也能輕易簡化、大幅降低組裝的成本。漸漸地，積層製造讓我們可以重新想像、重新開發愈來愈多產品。

你的產業目前處在哪一個階段？更重要的問題是，你的公司處在哪個階段？是領先群衆？和大衆一起並進？還是遠遠落後？回答這些問題，可以幫助你決定到底要怎麼做，才能確保你的公司在革命興起時不會落居人後。

根據階段來規畫策略

我建議企業在不同的應用階段採取不同的策略。這些策略和企業體系以及產品設計的漸變或劇變有關。這兩種因素組合成了表 12-2。

表 12-2　根據應用的階段來規畫策略

		企業體系的改變	
		逐漸改變	劇烈改變
產品設計的改變	劇烈改變	第二階段：早期應用	第三階段：主流應用
	逐漸改變	第一階段：採用概念	第四階段：無所不在

如表 12-2 所示，在第一階段採用概念中，策略往往逐漸在改變產品設計和企業體系。到了第二階段早期應用，策略往往會劇烈改變產品設計，但不會劇烈改變企業體系。在第三階段主流應用裡，商業模式會劇烈地改變產品設計與企業體系。最後，到了第四階段無所不在時，商業模式會劇烈改變企業體系，但不會劇烈改變產品設計。

爲什麼我建議的策略在每個階段會有這麼大的差異？因爲在每個階段裡，積層製造每個單位的生產成本和傳統製造有所不同。

在採用概念階段，積層製造的單位成本通常比傳統製造的單位成本高。所以，積層製造只用於製作原型、工具、嗜好，或用來表現創意與趣味。列印出來的產品有些沒有輕易量化的價值，應該選用比較便宜的傳統製造方法。因此，在這個階段中，企業對積層製造會採取觀望的態度，只有在特定用途才會利用積層製造，並以學習這項科技未來可能的發展爲主。

在早期應用階段，積層製造的單位成本只比傳統製造的單位成本略高。因此，如果列印出來的商品有特殊價值，消費者願意買單，或如果要製作的量很少，使用傳統製造方式反而比較貴，那麼企業就會選擇積層製造。如果積層製造的單位成本只比傳統製造的單位成本貴出 15 至 20%，那麼有些企業就會願意使用有更多彈性，而且轉換過程更迅速、簡單、便宜的積層製造。在這個階段中，很多公司是一部分、一部分，逐漸地轉爲積層製造，或利用積層製造來服務特定的利基市場，有時候還會將生產工作外包給列印農場。

在主流應用階段，因爲生產方法經過了改良，積層製造單位成本會比傳統製造單位成本更低。這時，積層製造在所有情況下都可以取代傳統製造，企業開始將整套系統都改以積層製造爲中心，結合積層製造、工業平台和相關科技，尋找優勢。依每個市場、顧客、產品屬性的不同，企業會以各種不同積層製造中心的商業模式來實驗，包括大量客製化、大量多樣化、大量區隔化、大量複雜化、大量模組化、大量標準化。

在無所不在階段，積層製造單位成本遠低於傳統製造單位成本，因爲分散製造還有積層製造的效率較高，節省成本也較多。在這個階段中，企業會劇烈改變他們的供應鏈，放棄傳統福特式工廠，改爲較小、較彈性的在地生產廠。不同的企業營運方式會出現，例如產品設計、製造、經銷、行銷往往會變成複雜的單一流程，並由一群跨部門的團隊來處理。

這些描述比較宏觀而忽略了小節。每間公司轉型過程的細節都不一樣，但我的說明是爲了要讓你清楚大方向，就能思考你的公司有哪些策略選項，可以用來面對你身處的轉型階段。

轉型時機：發展策略階段時要考慮的因素

一旦確認了自己的產業和公司位處哪一個階段，就可以開始思考如何從現處階段轉移到下一階段的策略選項。有以下幾種可能的時間點。

如果你有一手好牌。企業可以選擇留在目前的階段（概念、早期、主流、無所不在），不必進行到下一個階段。在某些情況下，雖然產業內多數企業正前往下一階段，但或許留在目前的階段還能保有競爭優勢和利潤。例如，一間公司可能因爲消費者需求不夠強勁，或是政府法規不鼓勵製造業的科技變革，所以決定不前往下一個階段。

只要你能在目前的階段找出可長可久的定位，這個決定就很務實、合理。例如：

- 只要市場裡的需求維持相同（需求很零碎、改變的速度不快、需要複雜的產品等），那就不必改變。
- 若市場裡的科技已經不再進步，所以沒有能力前往下一階段；或是沒有足夠的財務能力，可以取得下一階段的科技與商業模式。
- 若這間公司無意成爲產業龍頭，比較希望留在目前的利基市場裡，因此覺得沒有必要前往下一階段。
- 若這間公司缺乏資源或能力，無法往前跳，可能會決定要利用現在的定位，最後售出顧客名單，讓繼位者可以順利發展。有時候長期來看，這個做法對股東的價值比留在商場上更高。
- 若這間公司計畫跳過下一代，直接準備下下代技術（見下方「大躍進」或「江山易主」的策略）。在這情況下，停在原地的策略就只是暫時的。

適合這個策略的產業有瑞士機械錶，如勞力士；或樂器，如史坦威鋼琴；如車胎，汽車製造廠多半不願意承擔產品變化帶來的風險責任；還有手機，領先的製造廠似乎願意跳過下一代，準備下下代。

觀望。有些企業可能會慢下或停下積層製造的發展，等看到有人在下一階段得到成功才開始有動作。這個方法的優點在於有機會可以從先行者的錯誤中學習。不過，爲了避免落後，這些企業一定要先部署資源，才能緊追在後，在關鍵點超前。

按表操課。緊密觀察技術生成，並根據組織移動的速度，規畫出能夠平順有節奏地從一個階段轉型到下一個階段的步驟。企業自己決定轉換策略的步伐，優化轉型期的長度，才能維持競爭，同時有足夠的時間讓投資得到良好的回報。

間歇性跳躍。用不規律的間隔跳到下一個階段，優點是充滿驚喜，但潛在的缺點是經常落後競爭者太多。

先發制人。比別人提早跳到下一個階段，目標是要先取得優勢，走在科技的前頭，讓對手措手不急，逼他們緊追在後。

困敵。在對手好不容易追上時就跳到下個階段，逼他們在還沒準備好之前只能一路落後。同時，你預先規畫策略升級，在競爭對手追上之後，就往前跳，讓他們困在頹勢。

大躍進。這個長期策略是要直接跳到最後一個階段（或至少一次跳兩個階段）。這一步報酬高但風險也高，可能會讓公司站上龍頭的地位，或最後必須止血停損。

江山易主。有些公司在下一階段先發制人，然後爲了要盡量長期維持先發的優勢，跳過一個階段，刻意讓出第二階段的領導地位。若這個策略安排得當，就可以提供所需的資源和利潤，就算短期失利，未來也能贏得長期的勝利。

在下一個階段繼續改進。若你發覺要很久以後才會轉型到下一個階段，就可以採用這個策略，在目前的階段裡追求逐漸進步，持續取得優勢，耗盡對手的氣數。

當然，企業必須深入了解目前產業階段的複雜程度，自由混搭上述的各種策略。在任何一個時間點，整個產業都可能會從一個階段移向下一個階段。

不過，產業改變的過程通常有很多變數、很不一致、讓人困惑。特定產業裡的某些區塊，可能會改變得比較快，而且節奏不一。在某些產業裡，供應商可能會先進入下一個階段，而原本的設備製造商都還沒準備好；在其他產業裡，或許是反過來的情形。各種變數代表著「你的產業在哪一個階段？」這個問題其實相當難以回答，也代表著企業經理人沒有非得採取哪一種階段策略不可。

一般來說，該如何選擇轉型的時間點要考量的因素很多，最重要的就是你目前有多少競爭優勢，或你想創造多少競爭優勢。你可能要考慮製造生產效率會提高多少、製造成本會降低多少、傑出的產品創新、客製、彈性能力、供應鏈要更短更精簡、加快產品上市的速度、控制獨有的智慧財產、深化顧客關係、前置部署以搶得新顧客、網路效應、資訊不對稱、強力的企業生態系統等。根據企業本質、目前的強項弱項，還有你的競爭態勢，這些可能的競爭優勢比其他因素更相關、更務實。你創造、利用競爭優勢的能力，就要看你的公司目前處在哪個積層製造革命的階段。

所以請務必要深入了解你的階段策略的本質，了解哪種競爭優勢能讓你成功、你需要哪些優勢才能獲得並維持成功，這些是你要思考如何回應產業階段現況的第一步。

其他要考量的相關因素包括：

其他公司所推動的科技與策略發展。3D 列印機製造廠、軟體提供商和競爭對手所發展的科技與時機策略，會影響你公司的階段策略。影響所及可能包括成本下降、可使用新材料更簡便、產品更可靠等。例如，或許現在積層製造還不適合多數的生產需求，但只要生產速度提高 10%、單位材料成本降低 5%，就可能會顚覆局勢，讓 3D 列印成爲可採行的選擇。若這是你的情況，你最好仔細觀察那個領域內的科技發展，準備好在面臨轉捩點時能迅速地移動。

你對現階段或前階段的科技與階段策略投入了多少。你在現有機械、軟體等投入愈多資本，就會對目前的策略愈投入。缺乏彈性與出場選擇會讓你困在這個階段，要跳向新方法的風險就更高。是要技高人一籌，或是擔心丟臉、失去尊重、喪失權勢，可能會讓你一直困在目前的策略裡。

對成熟的企業來說，轉型的時機要看這公司之前投資的類型，因爲成熟的公司通常在投資特定的設備後就無法逆轉，這些設備也無法另做他用。若將設備報銷，利潤會大幅減少，這種畏懼通常會讓成熟公司前進到下一階段的速度慢下來。但如前所述，有些策略讓公司更容易前進到下一階段，像是在不干擾目前營運下整合積層製造。

像積層製造分析公司 Senvol 就建立了資料庫，囊括了多數現有的積層製造系統與材料，可根據 30 種以上的不同參數提供建議，讓公司更容易在主流應用或早期應用階段選擇積層製造。Senvol 也幫助企業了解成本、優點、列印機選擇和新積層製造系統可省下的費用。部署積層製造策略的一項優點，就是前期資金成本比傳統製造機械低。這讓企業可以先少花一點，等轉型開始的時候再重新分配積層製造設備。這種彈性讓你可以捱到生產必須加速或是需要新能力的最後一刻，才決定投資與否。

積層製造不需要製作工具、設計模具、製作原型和庫存的成本，表示前期投資只有機械和材料。這讓企業可以加速移動到下個階段。

對手、供應商、顧客和科學與工程社群改變階段的速度與可預測性。要前進到下一個階段所需要的科技與策略，會因環境狀況而有所不同。例如，類似或相關產業或許已經大動作轉移到積層製造，可以提供明確的方針，讓你知道下一步怎麼做最好。若是這樣，跳到下一個階段的風險可能相對較低。可是在某些產業，要轉型到下一階段可能異常複雜、難以控制，這表示需要長時間的研究和規畫，才能往前邁進。

你公司管理階段變化的能力。這個能力會受到許多因素影響，如內部阻力、資本資源、智慧財產擁有權、團隊凝聚力、目前的技術組合等。每一間公司都很獨特，各自擁有掌握科技與組織變革的不同能力。在決定要如何擁抱階段變化前，先想想你的公司有多少準備。你可能會認為，必須把時間和資源投入發展組織能力以吸收並掌握變化，才能開始變化階段，否則無法成功轉變公司的生產流程，可能會導致反彈，未來要做任何改變都會更難。

不玩大一點，就回家去

福特的技術專家哈洛・席爾斯（Harold Sears）是透過數位科技改變製造方法的先驅，他在2017年8月所接受的專訪中，給我們上了最重要的最後一課。席爾斯警告準備要展開3D列印歷險的公司，如果他們想要獲得新科技的所有潛在好處，**不要**只買幾台新機器就貿然整合到現有的流程中：

> 他們眞的有重新思考並重新設計所有零件以掌握積層製造的能力嗎？或他們只是試著用注射製模的方法生產同一個零件？如果是這樣，他們或許不會看到經過眞正的重新思考後，才可能看到的好處。

麥肯錫顧問公司的研究人員也有類似的結論。他們檢視了許多大量投資在數位策略的公司，看他們達成了什麼財務結果。有些公司的營收和利潤大幅成長，有些則沒有。麥肯錫的分析發現，其中的差異在於他們的數位化策略有多大膽：

> 這項研究證實了企業的行動必須果決，不管是創造新的數位事業體或是重新發明現有策略、營運、組織方式的核心……我們也確認了贏家投資比較多、比較廣、比較大膽。

請各位遵循哈洛・席爾斯與麥肯錫調查人員的忠告。不要只是把你過去使用的傳統製造工具換成3D列印機而已，花點時間，認真檢視新科技能帶來的各種優點，然後找方法來重新設計整個企業，以掌握積層製造能帶來的所有優點。

今天最聰明的企業領袖，不會等到製造業革命的所有細節慢慢明朗——等一切都明朗的時候就已經太遲了。他們已經能清楚地看出 3D 列印和製造業革命的其他面向，會改變所有產品設計、製造、購買、運送的方式，而且還正在積極應對。他們在盡全力學習所有關於新科技的知識，邁出重新設計製造系統的第一步，並預見了他們的企業在數位生產的新興生態系統中能扮演什麼角色。簡言之，他們開始做出多層決策，這些決策將在新的積層製造領域帶來持久的競爭優勢。請務必加入他們，不玩大一點，就回家去！

後記
未來是你的

人在面對極端的科技主張時，會心存疑慮是很自然的。熱心的研究人員、充滿想像力的作家、因爲財務利益而鼓吹科技變化的人，往往都會沒有什麼根據，就誇張地預測近期內會有哪些突破。因此當我們聽到異想天開的科技發展時，很容易就會挖苦說：「我們不是從1930年代就說會有飛天車嗎？」或：「太陽能是未來的能源——而且永遠都在未來。」驚奇科技發展的預測確實不能全盤相信，但我們很容易忘記，許多驚人的預測確實都成眞了。19世紀，科幻作家如朱爾·凡爾納和H. G.威爾斯都曾想像出潛水艇、坦克車、無線電、電視和太空飛行器，過了幾十年後人類才創造出來，或才有研究人員準備要開發出來。

許多科技發展都是先存在於想像力豐富的創作中，如幾位科幻小說界的大師：愛德華·貝拉米在他1888年的烏托邦式小說《回顧》裡創造了信用卡，雨果·根斯巴克（Hugo Gernsback）在1914年的*Ralph 124C 41+*中創造了雷達，阿道斯·赫胥黎在1932年的《美麗新世界》裡發明了基因工程，亞瑟·查理斯·克拉克爵士在1951年的《2001太空漫遊》裡發明了通訊衛星，還有威廉·吉布森在1984年的《神經浪遊者》

裡創造了虛擬實境。時間旅人若從1850年來到我們的時代，可能會認爲我們這個年代把科幻小說的內容都變成事實了……不過飛天車還沒出現就是了。

今天，我們仍在持續將科學奇想轉變爲科技現實。在1960年代，電視影集《星艦迷航記》裡有各式各樣新奇的裝置，包括手持電話和平板電腦，現在都已經成爲我們的日常用品了。《星艦迷航記》裡最新奇的物品之一是「合成食物」，將原子和分子轉變爲太空船上的餐點，而影集中大部分的場景都在太空船裡。根據影集編劇所述，這個裝置會在23世紀成眞。再過1世紀後，這項裝置就會被「複製器」取代，複製器可以更廣泛地重組微分子材料，創造出各種物品，而不僅限於食物。

不難看出《星艦迷航記》的複製器與今日積層製造科技間的相似之處。當然，3D列印機不像複製器，能生產的種類和能使用的原物料還很有限。但話說回來，《星艦迷航記》編劇設定的時間點，讓今日的研究人員還有三百年的時間可以克服這些限制。我個人認爲，對今日的研究人員而言，三百年是綽綽有餘的。

或許書中有些科技預測太過奇幻，讓你畏縮不前——噴射機隊擠在某個偏僻小工廠裡面；用行動列印機製作的橋梁、公寓、辦公大樓；特製的義肢可以增強人類的能力；用3D列印的組織和器官；在幾乎無人干預下，超級智慧、有學習能力的電腦可以獨立營運工廠或整間公司。

如果這些觀念聽起來很不可思議，想想科學家和工程師把多少昨日的夢想變成了今日的現實，再想想這些科學奇談所需要的科技其實都已經存在了。眞正的問題，不是這些科幻情節會不會成眞，而是什麼時候能夠成眞。

更有趣也更難以料想的是，我所預測的科技發展，會對社會、經濟、政治帶來什麼影響。

我所提到的許多經典科幻作家，都相信他們所預言的科技——包括原子彈和網際空間——都會徹底改變人類社會。很多作家對未來世界的模樣都有著諸多想像，它可能非常完美（如貝拉米的社會主義烏托邦），也很可能如同更多作家所設想的，有如地獄一般（如赫胥黎的《美麗新世界》）。

歷史暗示了科技發展的長期影響往往更爲複雜。多數新工具與新裝置都有正面和負面的影響，人類又很複雜，人類會如何回應新科技也往往難以預測。從 1880 到 1950 年代，曾以太空旅遊爲主題的科幻作家，都沒有人想到人類會創造出非常成功的計畫，並在 1969 年登陸月球……然後在接下來的數十年間，只因爲興趣缺缺，就放棄了前往月球的計畫！其實這段時期的發展差不多就是這樣。人類眞的很難懂。

我不懷疑我書中提到的科技革命，諸如積層製造、其他生產用的數位工具、工業平台的力量等，會徹底改變多數產品在設計、製造、生產、行銷、販售上的方式，而且還會有更多無法預期的影響。我所想像的未來世界，會由泛工業巨人統領，他們會努力鞏固自己的影響範圍，並設法在產業邊界不明顯的超匯流經濟體內擴張。這個未來世界或許不會完全如我所想像的一般，又或許泛工業革命會用一種完全不同的形式展開。若眞是如此，我會很想看看這個世界將會如何誕生。我會張大雙眼，靜看這場革命帶來的驚人發展。

如果我的預測失準，那可能是因爲現在的企業領導人做了不同的決定。如前所述，要預測未來，最好的方式就是創造未來。我們子孫會繼承的未來，現在就由我們來開創——由企業巨賈、創業家、研究科學家、工程師、軟體開發人員和其他目光遠大的人，持續探索嶄新製造科技的驚人力量，並想像出使用這些新科技的方法。

我希望本書中的想法、故事和預言，能啓發你加入他們，一起追尋美好的未來。

致　謝

首先，我要感謝 HMH 出版集團的編輯 Rick Wolff。寫作期間，因爲有他的信念、他投入的心思和他冷靜又有耐心的支持，我才有可能寫出這本書。他鼓勵我思考大格局，而這也正是我最想做的。他的熱情激勵了我，讓我對書中擘畫的願景也能保有熱情。我也想謝謝 Rosemary McGuinness 的大力協助。

我的經紀人 Carol Franco 幫我重新整理提案，讓出版界注意到這本書。若非她重新架構了本書的主題，這充其量不過是一本技術指南。

我想謝謝塔克商學院院長 Matt Slaughter 與副院長 Richard Sansing 在本書研究與寫作階段，持續提供的財務支持。

我還要感謝許多貢獻了寶貴意見的人。他們是我寫作生態系中最有價值的人。

Karl Weber 的聰明才智、寫作技巧與編輯能力成就了這本書。如果沒有他，我原本的文字會彆扭到讓讀者難以理解，這本書廣闊的主題也無法清楚呈現。他出色的表現在危急時刻拯救了團隊，他結合研究人員、作家、編輯三位一體，我很榮幸能和如此傑出的人才共事。他就像一位充滿智慧又適時給我挑戰的導師，不斷帶領我前進。

在我為《哈佛商業評論》和《麻省理工史隆管理評論》撰文時，John Landry 協助我發展概念，啓發我的靈感。他持續拋出問題，並反覆、謹慎地思辨，不斷磨練我的眼界與提供預測，幫助我創造出許多構想，建構了這本書的基礎。

同樣要最先致上謝意的，還有我最信任也最具洞見的研究助理 Nihal Velpanur 與 Prince Verma。他們都畢業於達特茅斯學院工程與管理學程，在競爭激烈、享譽盛名的泰雅工程學院取得工程管理碩士學位。他們為本書投入了逾兩年的時間，時常徹夜不眠協助我準時交出書中章節與白皮書。他們負責收集資訊，依照我的方向加以整理，並為這個專案提供深入獨特的見解。Prince 聚焦於軟體與工業平台，Nihal 則負責製造、新的設計與積層製造相關的商業行為。Nihal 畢業後繼續擔任我的全職研究助理，Prince 則為兼職研究助理。全世界沒有人擁有像他們那麼豐富的知識與技巧。

我要感謝「50 大商業思想家」的共同創辦人 Stuart Crainer 與 Des Dearlove。他們閱讀全書初稿後，針對寫作風格、長度、資訊密集度、專業詞彙、現實狀況、內容明確度、邏輯流程與市場訴求提出建議。他們不涉入內容發展，但他們的建議讓這本書更容易閱讀。謝謝他們幫助極大的意見。

許多企業的高階主管幫助我和我的團隊，對積層製造、工業平台與企業生態系的商業面了解得更清楚。這些高階主管協助我們在不明朗的現況中深究事實。我們向他們學習了很多，我永遠不會忘記他們慷慨撥出時間並提供專業資訊，讓我對企業的未來有更完整的理解。除了幾位不願意具名的企業高階主管外，我要感謝的包括：3D Systems 全球軟體副總裁 John Alpine；優比速策略副總裁 Alan Amling；Ecolab 董事長與執行長 Doug Baker；BALMAR Company 執行長 Matej Balazic；Trader Joe's 董事長與執行長 Dan T. Bane；Red Eye 總經理 Jim Bartlett，他在 Red Eye 併入 Stratasys Direct Manufacturing 後擔任副總裁；時任好時總裁與執行長的 John P. Bilbrey；Vector Capital 董事總經理 Matt Blodgett；3D Systems 創新企業工程主管 Megan Bozeman；Matrix APA 執行長 Charlie Branshaw；Stratasys 策略客戶副總裁 Patrick Carey；偉創力供應鏈副總裁 John Carr；Thermo Fisher Scientific 總裁與執行長 Marc N. Casper；Stratasys 科技發展副總裁 Steve Chillscyzn；Desktop Metal 軟體開發副總裁 Rick Chin；Global Competitive Intelligence, France 資深顧問 Phillipe Clerc；捷普產品行銷主管康利；德勤研究主管 Mark Cotteleer；Stratasys 創新長與共同創辦人克倫普；未來工廠創意總監 Lionel Theodore Dean；Stratasys 副總裁 Jeff DeGrange；捷普積層製造主管 Tim DeRosett；捷普全球自動化與 3D 列印副總裁杜奇諾；3D System 工業應用發展主管 Patrick Dunne；達梭 SIMULIA 技術長 Bruce Engelmann；Cummins Engine 材料科學科技主管 Roger England；艾默生董事長與執行長 David N. Farr；Tyco Electronic Connectivity 工程主管 Mike Follingstad；時任 Becton, Dickinson and Company 董事長與執行長的 Vincent

Forlenza；Desktop Metal 執行長富洛普；奇異積層工程與科技副總裁 Christine Furtoss；Rize, Inc. 創辦人、技術長與現任執行長 Eugene Giller；Tamicare 執行長季羅；Tupperware Brands 董事長與執行長 Rick Goings；時任 Tesoro 執行長的 Greg Goff；惠普 3D 列印傳播主管 Noel Hartzell；奇異醫療機械工程主管 Robert Hauck；捷普數位解決方案執行長與執行副總裁 Eric Hoch；捷普資深副總裁與供應鏈及採購長 Don Hnatyshin；Barnes & Noble Education, Inc. 董事長與執行長 Mike P. Huseby；Zara 母公司 Inditex 執行長 Pablo Isla；Neiman Marcus 執行長 Karen W. Katz；Zcorp 前執行長、Ultimaker USA 現任執行長 John Kawola；Desktop Metal 設計工程師 Michael Kelly；Stratasys 代理商 AET Labs 總裁 David Kempskie；Avaya 總裁與執行長 Kevin J. Kennedy；Laboratory Corporation of America 執行長與董事長 Dave King；時任 3D Systems 行銷長的 Cathy Lewis；Materialise NV 執行董事長 Peter Leys；Cummins Engine 執行長 Tom Lineberger；時任德事隆集團執行長，現任國防部採購、科技與後勤次長的 Ellen M. Lord；時任 Stanley Black & Decker 董事長與執行長的 John Lundgren；嘉吉董事長與執行長 David MacLennan；Lincoln Electric 董事長與執行長 Chris L. Mapes；時任 Rize, Inc. 執行長、現任 BigRep GmbH 美國區總裁的 Frank Marangell；捷普包裝解決方案行銷長 Christine McDermott；固瑞克總裁與執行長 Pat McHale；Desktop Metal 行銷副總裁 Marc Minor；

Under Armour 全球策略主管 Michelle Mooradian；惠普 3D 列印總裁 Steve Nigro；Voxel8 共同創辦人與硬體主管 Daniel Oliver；Stratasys 材料開發副總裁 Jim Orrock；時任 NVBots 執行長的 A. J. Perez，該公司已被辛辛那提公司併購；時任 RR Donnelley 董事長與執行長、現任 LSC Communications, Inc. 執行長的 Thomas Quinlan III；Stratasys/Econolyst 策略顧問與管理主管副總裁 Phil Reeves；時任 3D Systems 執行長的雷切托爾；時任時代公司執行長的 Joe Ripp；Desktop Metal 資深軟體工程師 Andy Roberts；惠普 3D 列印事業企業溝通與編輯策略資深經理 Jason Roth；惠普全球市場發展主管副總裁席勒；Desktop Metal 設計主管 Peter Schmitt；時任 Equifax 執行長的 Rick Smith；Wipro Infrastructure Engineering 先進製造解決方案主管 Maltesh Somasekharappa；時任西門子美國總裁和執行長的 Eric A. Spiegel；Owens-Corning 董事長與執行長 Mike H. Thaman；Dunkin Brands 執行長 Nigel Travis；Forecast 3D 共同創辦人 Cory Weber 與 Donovan Weber；Accenture 資深研發長 Sunny Webb；Union Square Ventures 合夥人與 Shape-ways 早期投資人 Albert Wenger；Manufacturing Technology Center 科技長 David Whimpenny；時任惠普執行長、現任慧與科技公司執行長的惠特曼；Polaris 董事長與執行長 Scott Wine。感謝各位分享軟體、工業平台、網際網路、積層製造等革命對未來企業策略的看法，這些想法以不同的形態豐富了這本書。

需多技術專家也分享了他們的專業、想法、簡報、講稿、報告、筆記和部落格內容，讓我和我的團隊參考。我要謝謝他們願意爲我打開一個全新的世界。若沒有他們的教導，我無法理解今日的積層與工業世界，更別說未來的發展了。

除了幾位不願具名的專家之外，我要特別感謝：麻省理工學院電腦科學與人工智慧實驗室博士後研究員 Christopher Amato；奇異醫療先進製造主管 Jimmie Beacham；BeAM Machines 總經理與企業發展副總裁 Tim Bell；Additive Industries 財務與資訊技術經理 Ilko Bosman；Carbon 行銷副總裁 Valerie Buckingham；Wohlers Associates 前任資深顧問、現任 NWA3D LLC 工程與行銷主管 Tim Caffrey；Aurora Flight Science 先進飛機設計科技主管 Dan Campbell；3D Systems 產品專家 Gregory George；MarkForged 首席科學家 Antoni S. Gozdz；麻省理工學院機械工程副教授與 Desktop Metal 共同創辦人 John Hart；Optomec 歐盟代表與 Neotech AMT GmbH 董事總經理 Martin Hedge；Shepra, Inc. 工程與技術服務經理 Fred Herman；Big Rep 國際業務主管 Johan von Herwarth；雪菲爾大學製造工程教授與 Xaar, Plc.3D 列印主管 Neil Hopkinson；德勤製造、策略與營運專員 Jim Joyce；Addup Solutions 業務與行銷主管暨米其林輪胎合夥人 Alexander Lahaye；Formlabs 產品長 David Lakatos；Additive Industries 全球通路業務主管與 Prodways 前通路主管 Bart Leferink；IBM 華生商務發展部門的 Jared K. Lee；XJet, Ltd. 製造與國防市場副總裁 Haim Levi；IBM 認知解決方案與研究資深副總

裁辦公室參謀專案長 Leonard Lee；波音材料與製程研究工程師 Brett Lyons；Prodways 行銷與傳播經理 Cindy Mannevy；密西根大學技術創意顧問 Eric Maslowski；洛克希德．馬丁資深科學家與專案經理 Padraig Moloney；Autodesk 技術客戶經理與解決方案工程師 Dave May；惠普新 3D 列印機 Multi Jet Fusion Voxel 企業業務專員 Shannon Morgan；好時新科技資深行銷經理 Jeff Mundt；惠普研究經理與首席科學家 Hou T. Ng；密西根大學數位製造專家 Shawn O'Grady；日本山葉機車高級技術中心數位策略部資深主管大西圭一；IBM 大數據與分析軟體部門的 Martin Pomykala；Formlabs 客戶發展部門的 Gary Rowe；Optomec 行銷副總裁 Ken Vartanian；Sciaky 在歐洲的夥伴 EvoBeam 董事總經理 Matthias Wahl；IBM 華生製造物聯網供給管理專案主管 Jiani Zhang。他們灌輸給我的知識，剛開始讓我應接不暇，但謝謝他們的指導與科技心得，讓我成爲最暢快飽飲科技新知的人。

爲了讓我更清楚我到底學到了什麼，我聘請了多位研究助理，進行深入的調查。他們帶著我理解積層製造：擁有技術背景的企管學生 Carmen Linares 以及攻讀工程管理碩士學位的 Yihan Zhong 與 Zixiang (Sean) Xuan。他們深入研究許多用於標準 3D 列印機的積層科技，在我剛入門時爲我詳細解說。擁有技術背景的企管碩士 Marcus Widell 非常嚮往創業生活，他仔細研究了許多奇特的列印方法，例如生物列印、基因列印和其他出人意表的新方法。他的工作就是要讓我震驚到跳出框架外，思考現在無法想像的科技和策略。畢竟，我們要花很多年才能找到模式與原則，並根據現實來預測未來的發展。

爲了更深入了解企業趨勢，我讓工程管理碩士班學生 Bo Wang 負責分析積層製造在不同產業中擴散的程度。這份分析架構讓 Nihal 製作了第十二章中的表格。Bo Wang 充分研究了技術採行的四個階段。企管碩士班學生 Rémy Olson 負責亞洲的企業生態系統，包括財閥和經連會，指出泛工業企業和集團可能的發展方向，以及他們應如何受到政府制約才不會威脅民主與資本主義。企管碩士候選人 Alice Demmerle 研究 3D 列印部署實例以及對現在企業干擾最小的方法。另一名企管碩士候選人 Sastry Nittala 非常了解供應鏈管理，負責找出市場日漸動盪後可能會看到的商業模式與供應鏈解決方案，如未來需求可能會頻繁變化，需求益加零碎且波動愈大，製造商可能需要更迅捷、更有彈性。這些研究讓我眼界大開，研究結果揭示了更多內情，讓我們了解未來的世界有多麼不同。

多位研究助理協助我了解軟體世界。企業管理碩士班學生 Sprague Brodie 研究企業流程管理軟體，還有智慧機器人、數據分析與人工智慧將如何預防瓶頸、提升效率，並創立新系統，自己改寫程式。我的朋友 Silvia Vianello 是米蘭博科尼大學管理學院的研究員，她持續研究人工智慧，找出在 B2C 與 C2C 的商務世界裡，有哪些智慧型手機的 app 可以在 B2B 中作爲商務工具。我的研究助理 Ankit Gadodia 是工程管理碩士班學生，以 Vianello 的研究爲基礎，更深入理解人工智慧程式，讓我們了解工業平台和常見的商用 app 在使用神經網時會有哪些限制。我的研究助理 Coby Ma 是企業管理碩士班學生，他深入研究工業平台創立之前有哪些不同類型的軟體，並且了解不同軟體開發商的能力，讓我們可以預測工業平台市場會有哪些挑戰者。Raghav Mathur 也是工程碩士班的研究助理，他試圖理解若我們把現有的商用 app 整合成一個數據共享、跨部門的系統，未來的工業平台會有什麼面貌。感謝他們在我的指導下所收集、整合的資訊與智慧，其努力深切影響了我的思維，我已經不是這研究剛起步時的那個策略家了。

我還要謝謝我的偵探團——許多幫我收集資訊和破除迷思的人。多位研究助理幫我收集蛛絲馬跡，了解目前企業和對手使用平台和積層製造的方式，構成書中的實例。我要求他們四處搜查所有企業沒告訴我們的事。他們要打電話到企業中和不認識的基層員工與企業的消費者、供應商、競爭對手對話，以理解企業的小動作；還要到職場待遇資訊透明網站調查企業內部的變化；並且翻看當地報紙與線上求職網站，推敲出只有當地人才知道的事。

我授權偵探團使用所有合乎法律與職場倫理的管道與方法，絕對不能用詐欺或駭客的方式取得資訊。當然，我們沒有要求任何人到垃圾場裡面去翻找，玷汙了他們常春藤盟校的光環。我堅持要他們持續調查，不斷追問，一定要找出內情。我的偵探團內有大學生、企業管理碩士班學生、工程管理碩士班學生、學生的眷屬、當過討債集團的人，甚至還有要求匿名的前調查局探員與軍情局探員：Neerja Bakshi、Erin Czerwinski、Emily Davies、Ashwin Gargeya、Debasreeta (Tia) Dutta Gupta、Robert Harrison、Neil Kamath、Addison Lee、Jeff Shu Lee、Andrew Liang、Huajing (Joyce) Lin、Roger Lu、Minyue (Mindy) Luo、Hamish McEwan、Parag Patil、Sarah Rood、Daniel Schafer、Aditi Srinivasan、Nelson (Chenyi) Wang、Bradley Webb、John Wheelock、Andrew Wong、Michael (Zheyang) Xie。或許是爲了保持競爭力，或許是擔心在積層製造早期會影響消費者與員工的情緒，很多資訊都還不能見光，但偵探團仍努力挖掘眞相，表現出色。

許多業界專家的想法影響我甚鉅：美國國家標準暨技術研究院資深技術顧問 Clara Asmail；伯明罕大學先進材料製程系 Moataz Atallah；Plastic Logic 研究工程師 Vincent Barlier；Autodesk 前任執行長 Carl Bass；Francis Bitonti Studio 總裁與創辦人 Francis Bitonti；IBM 資深研究員 David Breitgand；Fraunhofer ILT 先進 SLM Systems 與快速製造集團團隊主管 Damien Buchbinder；Croft Filters Ltd. 主管 Neil Burns；羅浮堡大學建築能源研究小組資深講師 Richard Buswell；Aurora Flight Science 專案經理 Dan Campbell；奇異飛行事業執行副總裁 Philippe Cochet；英國標準學會 AMT8 委員會委員 John Collins；Foster + Partners 特殊模型集團合夥人 Xavier De Kestelier；紐巴倫資深設計工程師 Dan Dempsey；諾丁罕大學製造科技教授 Phill Dickens；紐約大學科技學院助理教授

Gaffar Gailani；America Makes營運主管Rob Gorham；路易斯維爾大學快速原型中心經理 Tim Gornet；紐巴倫先進產品副總裁 Edith Harmon；PTC 總裁與執行長James Heppelmann；Xact Metal 工程副總裁 Jonathan Hollahan；Continuum Fashion 創辦人與設計主管 Mary Huang；Viktorian Guitars 執行長 Josh Jacobson；達梭策略與企業發展副總裁 Suchit Jain；Concept Laser 業務與營運主管 Andy Jensen；3D Systems 執行長 Vyomesh Joshi；Stratasys 業務主管 Roger Kelesoglu；飛利浦醫療的下屬企業醫療成像零部件製造商 Smit Rontgen 發展與工程電網經理 Harry Kleijnen；德國帕德博恩大學機械工程系主任 Rainer Koch；美國陸軍武器研究、發展與工程中心材料工程師 James L. Zunino III；Markforged 內容工程師 Daniel Leong；Formlabs 執行長 Max Lobovsky；波音材料與製程研究工程師 Brett Lyons；愛迪達科技創新副總裁 Gerd Manz；英國克蘭菲爾德大學積層製造研究員 Filomeno Martina；Autodesk MAYA 專案主任與研究專員 Mickey McManus；Reitveld Architects 合夥人 Piet Meijs；ABB 機器人與運動副總裁 Dwight Morgan；奇異飛行積層科技主管 Greg Morris；勞氏新創實驗室創辦人與執行主管 Kyle Nel；飛利浦醫療的下屬企業醫療成像零部件製造商 Smit Rontgen 的 OEM 零件主管 Pieter Nujits；Shoes by Bryan 創辦人 Bryan Oknyansky；Mixee Labs 共同創辦人與業務主管 Nancy Liang；Tata Motors 快速原型與工藝工具技術主管 Ajay Purohit；賓州州立大學博士後研究員與指導員 David

Saint John；Sols Systems 共同創辦人與時任執行長的 Kegan Schouwenburg；HEAD Sports 研發主管 Ralf Schwenger；Modern Meadow 業務主管 Sarah Sclarsic；英國智慧財產局經濟顧問 Nicola Searle；Addup Solutions 營運執行主管 Matt Shockey；羅浮堡大學創新主管 Sam Stacey；Local Motors 專案管理主管 Pete Stephens；GP Tromans Associates 老闆與首席產業顧問 Graham Tromans；Materialise 創辦人與執行長 Fried Vancraen；Materialise 企業發展主管 Hans Vandezande；Impossible Objects 科技經理主管 Len Wanger；Innovate UK 製造主管 Robin Wilson。謝謝各位在私人論壇、會議和其他互動場合中分享想法，這深深啓發了我。

最後，家人才是人生眞正的意義。我要感謝我的孩子和媳婦、女婿：羅斯、吉娜、譚亞、皮特和克里斯。謝謝你們的支持與諒解。每次爲了研究和寫作而無法陪伴你們讓我感到很難過，很感激你們無私地讓我從事這份耗時的工作。謝謝你們特地到倫敦參加 50 大商業思想家晚宴，見證我獲得 2017 雙年策略獎，並榮登全球前十大策略思想家。若沒有你們在場支持，這份榮耀也毫無意義。你們的支持與愛是我的一切。誠摯地感謝你們讓我如此幸福，激勵我每日寫作。你們的支持與包容愈深，我就愈能自由地探索未來，以完成像這本書一樣的成果。

要養一個孩子或許要動員一整個村子，但是要完成一本書，則需要認眞、家庭、偵探團、研究員、編輯還有廣闊的資訊生態系統。

Eurasian Publishing Group
圓神出版事業機構
用心與你對話・網野無限寬廣
先覺出版社
Prophet Press

www.booklife.com.tw reader@mail.eurasian.com.tw

商戰系列 194

泛工業革命：

製造業的超級英雄如何改變世界？

作　　者／理察・達凡尼（Richard D'Aveni）
譯　　者／王如欣・葉妍伶
發 行 人／簡志忠
出 版 者／先覺出版股份有限公司
地　　址／台北市南京東路四段50號6樓之1
電　　話／（02）2579-6600・2579-8800・2570-3939
傳　　真／（02）2579-0338・2577-3220・2570-3636
總 編 輯／陳秋月
主　　編／李宛蓁
責任編輯／蔡忠穎
校　　對／蔡忠穎・李宛蓁
美術編輯／林韋伶
行銷企畫／詹怡慧・黃惟儂
印務統籌／劉鳳剛・高榮祥
監　　印／高榮祥
排　　版／陳采淇
經 銷 商／叩應股份有限公司
郵撥帳號／18707239
法律顧問／圓神出版事業機構法律顧問　蕭雄淋律師
印　　刷／祥峰印刷廠
2019年7月 初版

THE PAN-INDUSTRIAL REVOLUTION
by Richard D'Aveni

定價 450 元　ISBN 978-986-134-343-3

想想科學家和工程師把多少昨日的夢想變成了今日的現實，再想想這些科學奇談所需要的科技其實都已經存在了。真正的問題，不是這些科幻情節會不會成真，而是什麼時候能夠成真。

——理察．達凡尼，《泛工業革命》

國家圖書館出版品預行編目資料

泛工業革命：製造業的超級英雄如何改變世界？／理察．達凡尼（Richard D’Aveni）著；王如欣、葉妍伶譯. --初版.--臺北市：先覺，2019.07
352 面；14.8×20.8公分.--（商戰系列；194）
譯自：The pan-industrial revolution: how new manufacturing titans will transform the world
ISBN 978-986-134-343-3（平裝）

1. 製造業　2. 印刷術　3. 產業發展

487　108008103